# 51 单片机 POV 趣味制作详解

周正华  编著

北京航空航天大学出版社

## 内 容 简 介

本书以51单片机为核心,围绕人眼的POV(视觉暂留)效应的电子制作为主线,详细介绍9个简单有趣的电子制作。为方便初学者,在第1章介绍了相关的基础知识,并在附录中介绍了ISP下载线的自制资料及万用板使用经验,作为进一步补充。

本书所有制作都经过作者亲手制作完成,对制作过程和编程思路等采用了大量图片作详细阐述,力求使读者"看了就能做,做了就成功"。

本书可作为单片机初学者及电子DIY爱好者的参考用书,也可作为各类学校开展电子制作活动的辅导材料。

**图书在版编目(CIP)数据**

51单片机POV趣味制作详解 / 周正华编著. --北京：北京航空航天大学出版社,2011.3
ISBN 978-7-5124-0334-5

Ⅰ.①5… Ⅱ.①周… Ⅲ.①单片微型计算机—系统设计 Ⅳ.①TP368.1

中国版本图书馆CIP数据核字(2011)第013000号

**版权所有,侵权必究。**

### 51单片机POV趣味制作详解
周正华　编著

责任编辑　刘　晨

＊

北京航空航天大学出版社出版发行

北京市海淀区学院路37号(邮编100191)　http://www.buaapress.com.cn
发行部电话:(010)82317024　传真:(010)82328026
读者信箱: emsbook@gmail.com　邮购电话:(010)82316936
北京市松源印刷有限公司印装　各地书店经销

＊

开本:787×960　1/16　印张:17.75　字数:398千字
2011年3月第1版　2011年3月第1次印刷　印数:5 000册
ISBN 978-7-5124-0334-5　定价:36.00元(含光盘1张)

# 前 言

将单片机控制的 LED 流水灯设备稍作改进,让它动起来,就能神奇地显示各种字符或图案,其效果如漂浮在空中一般。之所以能如此,这得益于人眼的"视觉暂留"现象,这在国外常称作 POV(Persistence of Vision)。由于与 POV 相关的制作,实质是利用机械运动来简化电子电路,大多只需要十来个元件加上几十行甚至十几行程序就能达到神奇的视觉效果,因而受到单片机初学者及爱好者的青睐。

有关 POV 制作的资料国内并不多见,大多散见于国外的互联网上。本书介绍的 9 个 POV 制作实例,无论是表现形式还是技术技巧等方面,几乎涵盖了所见到的与 POV 制作相关的单片机项目。

为满足广大单片机初学者,本书在内容的安排和材料的组织上,力求做到难度从简到难,讲解由详细到简要,让读者"看了就能做,做了就成功"。并且,让每一个制作都有其一两处可圈可点的"闪光点":

(1) 摇摇棒　　　　　　　　　　手工取模
(2) CPU 风扇上 POV　　　　　　无线供电技术
(3) mini POV 双功能显示时钟　　单键复用技术
(4) 自行车轮上的 POV LED　　　自适应转速算法
(5) 手拨 POV 显示摇摆时钟　　　压电传感器的利用
(6) POV LED 硬盘时钟　　　　　硬盘电动机驱动
(7) 辉光管 POV 显示时钟　　　　自动显示转换技术
(8) 双显示模式 POV LED 时钟　　红外遥控解码技术
(9) 七彩 LED POV 显示屏　　　　外部存储器的使用

以此增添制作的趣味性。

单片机是一门实践性很强的技术,单片机初学者无论之前对单片机的知识了解和掌握多少,都可立即动起手来。初学者可按照书中的实例先作出一件东西,待了解了开发流程,体验到成功喜悦后,再学习单片机已经不成问题了。而

# 前言

那些相关知识，完全可在今后的实验制作中慢慢地去体会和理解。

本书得以出版，离不开 EDNChina 网站彩云姐的热情帮助，离不开北京航空航天大学出版社胡晓柏编辑细心指导，离不开广大网友的热情鼓励，离不开家人的大力支持，在此表示衷心感谢。

由于作者本人是一名非电子专业的电子 DIY 爱好者，在本书的编写过程中，尽管做了努力，书中难免有许多不足之处，有些电路也不尽合理，真诚希望广大读者不吝批评指正。

周正华
2010 年 9 月 20 日于成都

# 目 录

第1章　预备知识 ································································· 1

1.1　什么是 POV ································································· 1
1.2　POV 显示制作概要 ························································· 2
　　1.2.1　发光体 ······························································ 2
　　1.2.2　运动状态 ···························································· 3
　　1.2.3　送电方式 ···························································· 5
　　1.2.4　传感器 ······························································ 7
　　1.2.5　系统的控制与通信 ················································· 8
1.3　51 单片机概说 ······························································ 8
　　1.3.1　为什么选用 51 单片机 ············································ 8
　　1.3.2　51 单片机各引脚功能 ············································ 10
　　1.3.3　51 单片机的硬件资源 ············································ 11
　　1.3.4　51 单片机工作的必要条件 ······································ 12
　　1.3.5　51 单片机开发步骤 ·············································· 13
　　1.3.6　Keil 软件开发直通车 ············································ 15

第2章　从流水灯到摇摇棒 ·················································· 25

2.1　引　言 ······································································ 25
2.2　系统构成 ··································································· 26
　　2.2.1　系统框图 ··························································· 26
　　2.2.2　整体结构 ··························································· 27

# 目 录

- 2.3 硬件制作 ............................................. 27
  - 2.3.1 电原理图 ....................................... 27
  - 2.3.2 元件清单 ....................................... 27
  - 2.3.3 主要元件说明 ................................. 29
  - 2.3.4 制作要点 ....................................... 31
- 2.4 软件设计 ............................................. 34
  - 2.4.1 摇摇棒上跑流水灯 ........................... 34
  - 2.4.2 "手拉手"——让摇摇棒显示图案 ......... 37
  - 2.4.3 "祝你成功"——摇摇棒显示字符 ......... 41
- 2.5 后 记 ................................................. 45

## 第3章 CPU风扇上POV ............................. 46

- 3.1 引 言 ................................................. 46
- 3.2 系统构成 ............................................. 47
  - 3.2.1 系统框图 ....................................... 47
  - 3.2.2 硬件结构 ....................................... 48
- 3.3 硬件制作 ............................................. 48
  - 3.3.1 原理图及电路说明 ........................... 48
  - 3.3.2 元件清单 ....................................... 49
  - 2.3.3 主要元件说明 ................................. 50
  - 3.3.4 制作概要 ....................................... 53
  - 3.3.5 完成图 .......................................... 57
- 3.4 软件设计 ............................................. 57
  - 3.4.1 编程中的问题及解决方案 .................. 58
  - 3.4.2 源程序 .......................................... 60
- 3.5 调试和使用 ........................................... 67
  - 3.5.1 系统调试 ....................................... 67
  - 3.5.2 完成效果图 .................................... 68
- 3.6 后 记 ................................................. 68

## 第4章 mini POV双功能显示时钟 ................. 69

- 4.1 引 言 ................................................. 69
- 4.2 系统构成 ............................................. 70

## 目 录

- 4.2.1 系统的工作状态图 …………………………………… 70
- 4.2.2 系统框图 ………………………………………………… 72
- 4.2.3 系统硬件结构草图 …………………………………… 73
- 4.3 硬件制作 ………………………………………………………… 74
  - 4.3.1 电路原理图 ……………………………………………… 74
  - 4.3.2 元件清单及主要元件说明 …………………………… 75
  - 4.3.3 制作概要 ………………………………………………… 77
  - 4.3.4 完成图 …………………………………………………… 79
- 4.4 软件设计 ………………………………………………………… 80
  - 4.4.1 编程中的问题及解决方案 …………………………… 81
  - 4.4.2 完整源程序 ……………………………………………… 85
- 4.5 调试及使用 ……………………………………………………… 97
  - 4.5.1 系统调试及使用说明 ………………………………… 97
  - 4.5.2 完成效果图 ……………………………………………… 98
- 4.6 后 记 ……………………………………………………………… 98

### 第5章 自行车车轮上的 POV LED ………………………… 99

- 5.1 引 言 ……………………………………………………………… 99
- 5.2 系统构成 ………………………………………………………… 100
  - 5.2.1 系统框图 ………………………………………………… 100
  - 5.2.2 系统硬件结构草图 …………………………………… 100
- 5.3 硬件制作 ………………………………………………………… 101
  - 5.3.1 电路原理图 ……………………………………………… 101
  - 5.3.2 元件清单及主要元件说明 …………………………… 102
  - 5.3.3 制作概要 ………………………………………………… 104
- 5.4 软件设计 ………………………………………………………… 106
  - 5.4.1 编程中的问题及解决方案 …………………………… 106
  - 5.4.2 完整源程序 ……………………………………………… 108
- 5.5 后 记 ……………………………………………………………… 131

### 第6章 手拨 POV 显示摇摆时钟 ………………………………… 132

- 6.1 引 言 ……………………………………………………………… 132
- 6.2 系统构成 ………………………………………………………… 134

## 目 录

  6.2.1 系统状态转移图 …………………………………… 134
  6.2.2 系统框图 …………………………………………… 135
  6.2.3 系统硬件结构草图 ………………………………… 135
 6.3 硬件制作 ………………………………………………… 136
  6.3.1 电路原理图及电路说明 …………………………… 136
  6.3.2 元件清单及主要元件说明 ………………………… 137
  6.3.3 制作概要 …………………………………………… 140
  6.3.4 完成图 ……………………………………………… 143
 6.4 软件设计 ………………………………………………… 144
  6.4.1 编程中的问题及解决方案 ………………………… 147
  6.4.2 完整源程序 ………………………………………… 148
 6.5 调试及使用 ……………………………………………… 158
 6.6 后 记 …………………………………………………… 158

### 第 7 章 POV LED 硬盘时钟 …………………………… 159

 7.1 引 言 …………………………………………………… 159
 7.2 系统构成 ………………………………………………… 161
  7.2.1 显示原理及系统状态转移图 ……………………… 161
  7.2.2 系统框图 …………………………………………… 162
  7.2.3 系统硬件结构草图 ………………………………… 162
 7.3 硬件制作 ………………………………………………… 163
  7.3.1 电路原理图 ………………………………………… 163
  7.3.2 元件清单及主要元件说明 ………………………… 164
  7.3.3 制作概要 …………………………………………… 170
  7.3.4 完成图 ……………………………………………… 172
 7.4 软件设计 ………………………………………………… 173
  7.4.1 编程中的问题及解决方案 ………………………… 174
  7.4.2 完整源程序 ………………………………………… 177
 7.5 调试及使用 ……………………………………………… 188
 7.6 后 记 …………………………………………………… 189

### 第 8 章 辉光管 POV 显示时钟 …………………………… 190

 8.1 引 言 …………………………………………………… 190

## 8.2 系统构成 ……………………………………………………………… 191
### 8.2.1 系统状态转移图 …………………………………………………… 191
### 8.2.2 系统框图 ………………………………………………………… 192
### 8.2.3 系统硬件结构草图 ………………………………………………… 192
## 8.3 硬件制作 ……………………………………………………………… 193
### 8.3.1 电路原理图 ……………………………………………………… 193
### 8.3.2 元件清单及主要元件说明 ………………………………………… 194
### 8.3.3 制作概要 ………………………………………………………… 198
### 8.3.4 完成图 …………………………………………………………… 200
## 8.4 软件设计 ……………………………………………………………… 201
### 8.4.1 编程中的问题及解决方案 ………………………………………… 201
### 8.4.2 完整源程序 ……………………………………………………… 202
## 8.5 系统调试 ……………………………………………………………… 213
### 8.5.1 调 试 …………………………………………………………… 213
### 8.5.2 完成效果图 ……………………………………………………… 213
## 8.6 后 记 ……………………………………………………………… 214

# 第 9 章 双显示模式 POV LED 时钟 …………………………………… 215

## 9.1 引 言 ………………………………………………………………… 215
## 9.2 系统构成 ……………………………………………………………… 216
### 9.2.1 系统功能及状态转移图 …………………………………………… 216
### 9.2.2 系统框图及系统程序模块 ………………………………………… 217
### 9.2.3 系统硬件结构草图 ………………………………………………… 218
## 9.3 硬件制作 ……………………………………………………………… 218
### 9.3.1 电路原理图 ……………………………………………………… 218
### 9.3.2 元件清单及主要元件说明 ………………………………………… 219
### 9.3.3 制作概要 ………………………………………………………… 224
### 9.3.4 完成图 …………………………………………………………… 226
## 9.4 软件设计 ……………………………………………………………… 227
### 9.4.1 编程中的问题及解决方案 ………………………………………… 227
### 9.4.2 完整源程序 ……………………………………………………… 231
## 9.5 调试及使用 …………………………………………………………… 247
### 9.5.1 系统调试及使用说明 ……………………………………………… 247

# 目录

9.5.2 完成效果图 ················································ 247
9.6 后记 ······························································ 247

## 第10章 七彩 LED POV 显示屏 ······················ 248

10.1 引言 ······························································ 248
10.2 系统构成 ························································ 249
    10.2.1 显示组件 ·················································· 249
    10.2.2 系统框图 ·················································· 249
    10.2.3 系统硬件结构草图 ······································ 250
10.3 硬件制作 ························································ 251
    10.3.1 电路原理图 ··············································· 251
    10.3.2 元件清单及主要元件说明 ···························· 252
    10.3.3 制作概要 ·················································· 256
    10.3.4 完成图 ····················································· 259
10.4 软件设计 ························································ 260
    10.4.1 编程中的问题及解决方案 ···························· 260
    10.4.2 完整源程序 ··············································· 260
10.5 调试及使用 ······················································ 263
    10.5.1 系统调试及使用说明 ·································· 263
    10.5.2 完成效果图 ··············································· 265
10.6 后记 ······························································ 266

**附录 A 万用板实作经验** ·········································· 267

**附录 B 并口 ISP 下载线制作问答** ···························· 271

# 第 1 章

## 预备知识

本章对后面各章节介绍制作中需要了解的知识作简要的介绍。内容不求面面俱到，但求精简和实用。本章提及的开发所需硬件及软件，建议读者在进入下一章节前做好充分准备，这样就可以边看边做，从制作中获得知识，从制作中获得自信，从制作中获得快乐。

### 1.1 什么是 POV

POV 即英文 Persistence of Vision 一词的缩写，中文是"视觉暂留"的意思。每当人的眼睛在观察物体之后，物体的映像会在视网膜上保留一段很短暂的时间。在这短暂的时间段里，当前面的视觉形象还没有完全消退，新的视觉形象又继续产生时，就会在人的大脑里形成连贯的视觉错觉。

其实，对于这种独特有趣生物现象，我们随时都能感受到。下雨时，纷纷快速下落的雨滴，在我们的眼里却成了一条条富有诗意的"雨丝"；用一支激光笔射在墙上，并快速晃动，我们会感受到一幅由线条组成的画面。

进一步的研究发现，人的视觉暂留时间约为 1/24 s，这个时间值并非是个标准值，它因观察者的个体差异和观察的物体的亮度及大小约有不同。现代电影根据这一事实，以每秒 24 个画格的速度进行拍摄和放映，使得一系列原本不动的连续变化画面，在人眼里产生连贯的活动错觉影像。

对"POV"现象的认识和利用，可追溯到两百多年前。早在 1828 年，法国人保罗·罗盖发明了留影盘，它是一个被绳子在两面穿过的圆盘，盘的一个面画了一只鸟，另一面画了一个空笼子，当圆盘旋转时，鸟在笼子里出现了，可称得上人类最早的 POV 设备，如图 1-1 所示。

# 第1章 预备知识

图 1-1 人类最早的 POV 设备

## 1.2 POV 显示制作概要

利用 POV 即"视觉暂留"这一原理,我们可以通过发光体的运动,产生一系列运动轨迹的残留影像,达到漂浮在空中似的神奇梦幻般显示效果。纵观各种与此相关制作,无论是商业化产品还是 DIY 作品,归纳起来无非就是看运动的是什么发光体,发光体如何运动,如何给运动的系统供电,采用什么样的传感器感知运行状态,如何控制运转着的系统。

下面将对这几个方面进行归纳和探讨。

### 1.2.1 发光体

由于 LED(发光二极管)有亮度高、色彩丰富、寿命长、耐冲击、功耗小、驱动简单、工作电压低等优点,因而成为 POV 显示制作的首选发光体。各式各样发着各种颜色光的 LED 形成了一个庞大家族,我们可以根据各自特殊的需要选择不同的 LED。

本书制作中还用古老的辉光管制作 POV 显示,我们不妨把它看成是另类,在这里就不再进一步探讨了。

### 1.2.2 运动状态

发光体的不同的运动方式,成就了各种显示形态的 POV。归纳起来看,形形色色的 POV 制作,其运动状态大多超不出以下的这几种方式:

**1. 圆盘式旋转运动**

发光体安装在钟表指针式的旋转体上,通过旋转形成圆形显示画面,如图 1-2 所示。

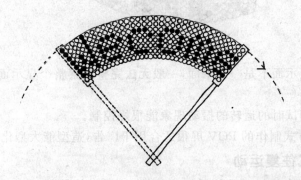

图 1-2 圆盘式旋转运动

这种运动方式的特点是:

(1) 由于发光体旋转速度可一直保持不变,使得显示图案均匀一致。不过显示字体时字型变化较大,特别在接近圆心的地方。如要想使显示的字体和图案不产生变形,还需要专门软件对发光点进行的坐标转换。

(2) 制作调试时运转的振动现象易于控制。这种运动方式常见的制作有:

① 车轮上的 POV 显示。
② 风扇上的 POV 显示。
③ 数字/模拟双模式显示时钟。

**2. 柱面式旋转运动**

让发光体与旋转轴处于平行状态,这样运动产生的画面效果为一柱面,如图 1-3 所示。

其特点是:

(1) 发光体旋转速度可保持不变,这样能使显示图案均匀一致,字体及图案都能原样显示出来。

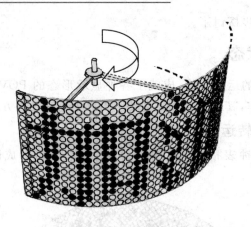

图1-3 柱面式旋转运动

（2）由于显示面不是一个平面，一般无法完整观察整个显示面，多采取画面滚动显示来弥补。

（3）制作调试时的运转的振动现象能很好控制。

这种运动方式制作的 POV 屏很适合用于广告，造型能大型化。

### 3. 摇摆式往复运动

发光体分布在往复运动的摇摆状的棒上，通过棒体摇摆产生扇形画面，如图1-4所示。

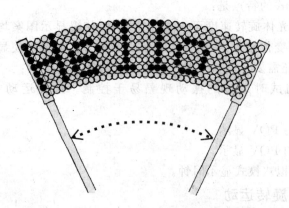

图1-4 摇摆式往复运动

这种方式的特点是：

（1）静止的底座与运动的发光体之间可直接用柔性排线供电，与其他送电方式相比，省去了复杂的送电装置。

(2) 由于光棒往复运动过程中并非均速,如在软件编程上不作特别处理的话,显示的字符和图案会出现中间宽两边窄的变形现象。

(3) 在机械方面,运行时振动较大,不易大型化。

这种运动方式的 POV 屏,大多做成时钟。

**4. 球状体旋转运动**

将发光体排列在圆环上,圆环直径为旋转轴,其显示效果为发光的球形画面,如图 1-5 所示。

这种运动方式能产生球状的 3D 效果,做成一个地球仪效果会很好。

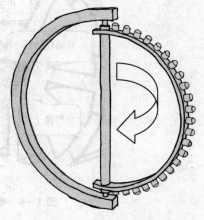

图 1-5 球状体旋转运动

**5. 其他运动方式**

当然,除上面介绍的 4 种运动形式外,不排除还有其他另类的运动方式,这就要制作者的发挥了。

## 1.2.3 送电方式

由于大多数 POV 制作中的发光体是处于运动状态,为了简化接线,一般都将主控电路也与发光体安排在一起同时运动。这样,如何给系统供电,就成为制作规划时必须考虑的一个关键问题。

**1. 电池供电**

这种供电方式简单方便,易于携带,但不适合长时间运行。常用在摇摇棒这类便携式制作上。

**2. 柔性导线供电**

这种供电方式简单直接,适用范围较单一,仅适合用于摇摆运动类的 POV 制作上。

**3. 电动机转子取电**

由于显示部件与旋转驱动电动机的旋转轴是相对静止的,可通过主轴的结构特点,对电动机进行改造,将电动机内部的整流子上的电直接引出作为主控显示板的电源,如图 1-6 所示。

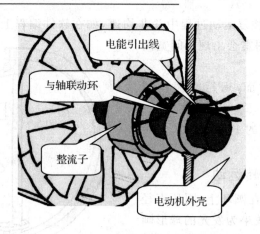

图 1-6 电动机转子取电

这种方式能得到较大的电能,不会另外产生噪声。但对电动机改造需要很高的机械加工技能,另外,对取得的电还要进行整流滤波,主控显示板上要添加相应的电路。

**4. 电刷送电**

与直流电动机电刷类似的方式,在静止状态的底座上安装电刷,并通过电动机轴上或主控显示板上的金属环传输电能,保证系统长时间运行,如图 1-7 所示。

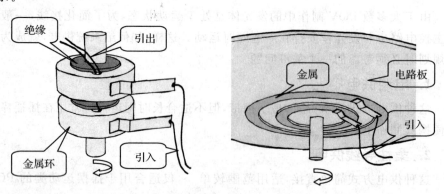

图 1-7 两种常用的电刷供电方式

此供电方式能传送较大电流强度的电能。业余制作时,材料的加工制作有一定难度,高速旋转时会产生较大的噪声。

### 5. 自发电

根据主控显示板与底座相对旋转运动状态,在运转部分安装直流电动机,通过旋转运行产生电能,给主控显示系统供电。

这种方式不会产生新的噪声,但结构较为复杂,产生的电能有限,选用主轴电动机的功率要相对大些的,以保证小发电动机获得足够的机械能,如图1-8所示。

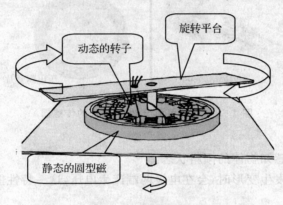

图1-8 自发电方式

### 6. 感应供电

这里介绍的感应供电的原理与变压器原理相当,就是在两个相距很近的线圈中,一只线圈作为电能发送端,另一只线圈作为电能接收端,发送端接入交变电流,在相距很近的接收端就能同时感应到交变电流,只是这种状态下的初级与次级两组绕组的耦合度较低,因此,为提高传输效率,需要在送电的初级考虑选择合适的振荡频率,让初级线圈处于共振状态,这是制作是否成功的关键。

这种方式为无接触方式供电,无新增噪声,只是制作难度较大,而且传输效率低,在大电流供电的情况下受限。

## 1.2.4 传感器

要使运动的发光体形成的显示画面显示正常和稳定,POV显示系统大多需要通过传感器来感知发光体的运动位置或状态,确定显示的起始位置。

图1-9列举了几种在POV制作中常用到的传感器。

外部较强磁场能对干簧继电器产生作用,可将它作为磁感应开关。

光断续器可对发射和接收之间光强度发生的变化作出反应,感知系统运动

# 第1章 预备知识

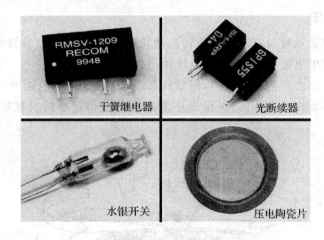

图1-9 几种可用于POV制作的传感器

位置。

水银开关能感知物体的倾斜状态。

当压电陶瓷发生变形时,会在电极两端产生电压,这一特性能感知弹性板状物体的变形。

有关传感器方面的详细介绍,将安排在各制作实例讲解中。

### 1.2.5 系统的控制与通信

为了能将运动的POV显示系统的显示内容进行调整和更新,我们还需要考虑与系统的通信问题。最为简便的方法是红外通信方式,较为先进的方法是无线通信方式(如给系统发送显示信息),另外,电源载波方式也是一种选择。

## 1.3 51单片机概说

### 1.3.1 为什么选用51单片机

我们可以把单片机看成是计算机主板集成在一块芯片上的IC,是接上键盘与显示装置也同样能工作的计算机,只是因功能受限,只能完成较低级和简单的运算和处理而已。

早在20世纪80年代初,由Intel公司推出MCS-51系列单片机,开创了51系列单片机的先河。随后,其他公司在8051为内核的基础上,相继推出各具特色、功能多样的单片机。经过近30年的传承与发展,51系列的单片机已经形成一个庞大的家族,如图 1-10 所示。

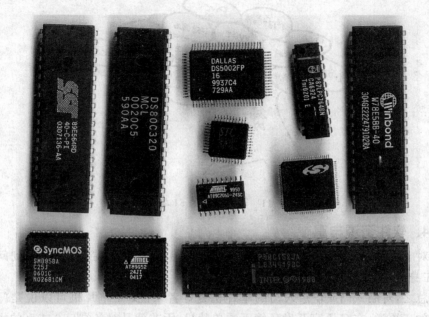

图 1-10  这些都是 51 家族成员

在如今的单片机王国里,各种单片机层出不穷,位数越来越多、功能越来越强、速度越来越快。相比之下,已经有近 30 年历史的 51 单片机似乎已赶不上潮流了。但实际情况是,51 单片机仍有广泛的应用市场,至今仍有很强的生命力。

### 1. 成本低

如今不少 51 单片机的价格已经在 10 元以下,特别是具有的支持在线编程的功能,省去了昂贵的编程器和仿真器,使得学习开发成本很低。

### 2. 应用广

实际上,在需要单片机控制的系统中,绝大多数情况下,8 位的单片机已经满足了技术要求。

### 3. 品种多

现在的 51 单片机已经今非昔比,各厂家在 8051 的内核基础上,纷纷推出集成有各种特殊外设功能部件的增强型单片机,以满足特定的需要,进一步扩大了 51 单片机的应用领域,如图 1-11 所示。

图 1-11 老树新枝的 51 单片机

**4. 软件资源丰富**

对于自学的初学者来说,这点很重要。书籍多,资料易寻,特别是遇到问题时,在身边找个老师指导也容易。

总之,对刚入门或正想入门的单片机爱好者来说,51 单片机可以说是门槛最低的。再说,在 C 语言开发环境下看单片机,无非就是对各端口 0 或 1 的操作和一些特殊资源模块的应用。掌握 51 单片机后,再转入学习其他单片机,就容易多了。

## 1.3.2  51 单片机各引脚功能

本书制作中,大多采用 ATMEL 公司的 AT89S52 单片机,这里以双列直插式封装(DIP)的 89S52 为例,图 1-12 给出各引脚及功能定义。

对刚入门的朋友,最初看到这 40 只引脚时会有些发晕,其实,如果先将 4 个 8 位输入/输出端口放一边的话,就只剩下 8 只引脚了。

(1) 主电源:(40 脚)$V_{CC}$ 电源正,(20 脚)GND 电源地。

(2) 时钟振荡信号引脚:(19 脚)XTAL1 和(18 脚)XTAL2 引脚大多外接的是石英晶振,也可以外接时钟脉冲信号。

(3) 控制信号引脚:剩下的 4 个端口为控制信号端,除 RST 复位信号输入端是必须要用的外,其余 3 个端口很少用到,可暂且不管它。

在 4 个输入/输出端口中,P3 口的每一引脚都有第二功能,如表 1-1 所列。

另外,对于 AT89S 系列的单片机,还复用 P1 口的 3 个端口作为 ISP 编程口,如表 1-2 所列。

## 第 1 章 预备知识

图 1 - 12 各引脚及功能定义

表 1 - 1 P3 口的复用功能

| 引脚号 | 第二功能 | 功能说明 |
|---|---|---|
| P3.0 | RXD | 串行输入 |
| P3.1 | TXD | 串行输出 |
| P3.2 | INT0 | 外部中断 0 |
| P3.3 | INT1 | 外部中断 1 |
| P3.4 | T0 | 定时器 0 外部输入 |
| P3.5 | T1 | 定时器 1 外部输入 |
| P3.6 | WR | 外部数据存储器读选通 |
| P3.7 | RD | 外部数据存储器写选通 |

表 1 - 2 ISP 编程口复用的 P1 口

| 引脚号 | ISP 引脚定义 |
|---|---|
| P1.5 | MOSI |
| P1.6 | MISO |
| P1.7 | SCK |

### 1.3.3 51 单片机的硬件资源

我们这里所说的硬件资源是单片机内部的一些功能部件，这些部件都可以通过编程，能按我们的要求运行或改变工作状态。

**1. 输入/输出端口**

一般的 51 单片机有 4 组输入/输出（I/O）口，每一端口有 8 位，其中 P0 口与其他 3 个口不大一样，内部无上拉电阻，实际使用时要特别注意。

**2. 中断系统**

中断系统在单片机中起作非常重要的作用，通过中断系统单片机能对外部发生的事件作出快速响应和处理。51 单片机一般有 5 个中断源：2 个外部中断源、2 个计数/定时器中断、1 个串行口中断。

**3. 定时/计数器**

定时器与计数器实质并没有多大差别，你可将两者都看成是计数器，主要用于单片机中与时间有关的控制，如定时、计数、延时等。

#### 4. 串 口

采用异步通信方式与其他设备交换数据信息。

对于上面所列的硬件,在 C 语言编程环境下,我们可以在不需要了解这些硬件的具体细节的情况下,对这些硬件进行操作,如图 1-13 所示。这样,51 单片机快速入门就成为可能。

### 1.3.4 51 单片机工作的必要条件

若按字面来说,既然为单片机,就应该是接上电源就可以独立工作的控

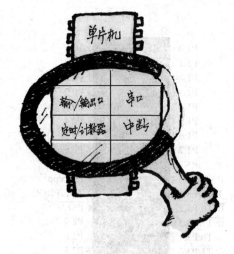

图 1-13 C 语言下的 51 单片机

制芯片。然而绝大多数 51 单片机还是需要几只外围元器件才能正常工作:一是给单片机提供复位信号的电路,另一个是晶体振荡电路。

#### 1. 复位电路

当单片机上电工作或处于死机状态时,需要给单片机一个复位信号,使单片机进入正常工作状态。常见的复位电路如图 1-14 所示。

通常采用上电自动复位和按钮手动复位两种方式。

#### 2. 晶振电路

图 1-15 所示为单片机提供时钟周期的振荡电路,单片机就是按照它的节拍来工作的。电路中的两只谐振电容典型值为 30 pF,但可根据实际情况有所改变。

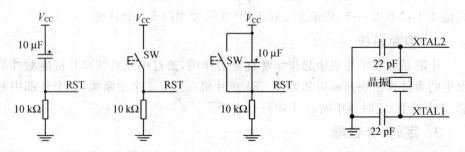

图 1-14 常见的复位电路　　　　图 1-15 晶振电路

### 3. 固化程序

当然,要让单片机能按照你的要求工作,还要有一个关键的步骤,就是将编译好的程序固化到单片机芯片中。

如图 1-16 所示,为用几只元件组成的、能正常工作的 51 单片机系统。

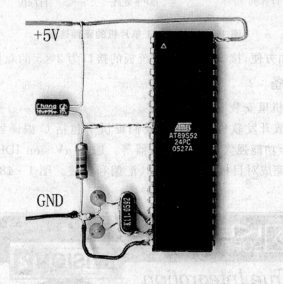

图 1-16 能正常工作的 51 单片机最小系统

## 1.3.5　51 单片机开发步骤

要让单片机工作,只是将电路连接好还不够,还要有一个将程序注入到单片机内部的开发过程。由于 ATMEL 公司生产的 AT89S 系列的 51 单片机支持 ISP(在线更新程序)功能,免去编程器,甚至还可省去仿真器,使程序下载和调试变得非常轻松方便了。

### 1. 硬件准备

AT89S51/52 单片机进行开发的硬件准备如下:

首先要在开发的 51 单片机系统板上事先预留一个 ISP 接口座。

其次还需要配置一台计算机,用于编写程序和编译程序,并且将编译后的机器程序下载到 51 单片机系统板上。

最后还需要一根连接在两者之间传输数据的 ISP 下载线,如图 1-17 所示。ISP 下载线连接计算机的插头为计算机的标准并行口,现在还有 USB 接口

## 第1章 预备知识

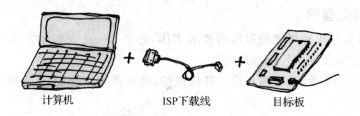

图 1-17 开发 51 单片机的硬件连接

的,使用起来更加方便,接 51 单片机系统板的接口为 2×5 的双排插。

### 2. 软件准备

需要在计算机里安装下面两个程序。

(1) Keil 集成开发软件。Keil 为我们提供了包括 C 编译器、宏汇编、连接器、库管理和一个功能强大的仿真调试器等。通过 μVision IDE 这个集成开发环境,可以轻松完成对目标程序的编译、汇编和链接。图 1-18 所示为 Keil 软件的 Logo。

图 1-18 Keil 软件的 Logo

Keil 软件有原公司提供的 Eval 版,很容易在网上找到。其软件的安装也很简单,与普通的 Windows 应用软件没有什么差别。

(2) ISP 下载软件。支持 AT89S 系列 51 单片机 ISP 下载的软件很多,有双龙、智峰、晓奇等,都很好用,大多可在网上免费下载。

### 3. 开发步骤

51 单片机的开发过程分可分为如下几个步骤(图 1-19):

编程:将你的思想转化为 C 语言代码。

编译：将人能看懂的C语言代码转化成51单片机能识别的机器代码。

下载：将计算机中的机器代码程序植入51单片机中。

调试：试运行单片机系统，如没有达到设计要求，转到编程步骤，直到满意为止。

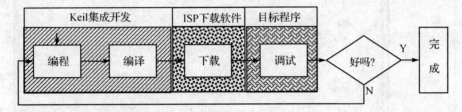

图1-19　51单片机开发步骤示意图

## 1.3.6　Keil软件开发直通车

Keil集成开发软件功能十分强大，对初学者来说，想短时间把它弄懂几乎是不可能的事。好在其中的很多功能，目前暂时还用不上，可不去理会它，先找一条通向目标的捷径。

在Keil软件下完成的任务是：在其环境下编程，并将编好的目标程序通过编译程序转化为51单片机能识别的HEX文件。具体可分几大步骤，如图1-20所示。其详细过程如下：

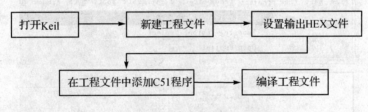

图1-20　在Keil中编译程序的主要步骤

### 1. 打开Keil

双击计算机桌面上的Keil软件图标，进入集成开发系统界面（图1-21）。

### 2. 新建工程文件

(1) 选择Project/New Project命令（图1-22）。

(2) 输入工程文件名（图1-23）。

(3) 选择单片机厂商名称并双击它（图1-24）。

# 第 1 章 预备知识

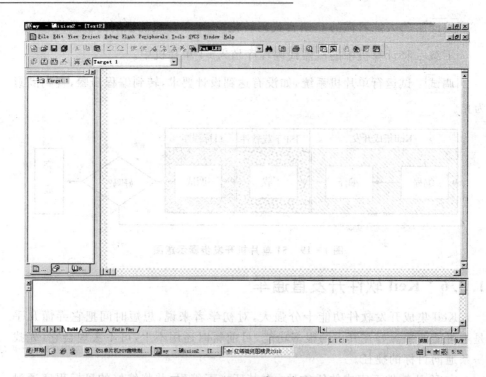

图 1-21 Keil 开发系统界面

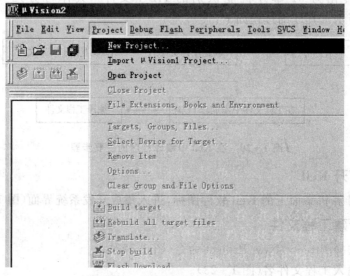

图 1-22 选择新建工程文件菜单

第 1 章　预备知识

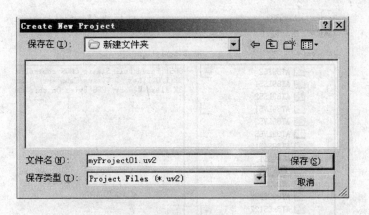

图 1-23　输入工程文件名

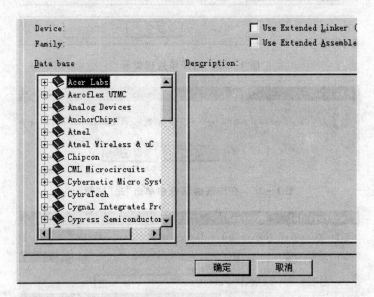

图 1-24　选择单片厂商名称

(4) 选择单片机型号并单击"确定"按钮(图 1-25)。
(5) 出现一个对话框,直接单击"是"按钮(图 1-26)。
(6) 程序返回到主界面(图 1-27)。

### 3. 设置输出 HEX 文件

(1) 单击左上角 Target 1 为选中状态(图 1-28)。
(2) 右击,弹出快捷菜单(图 1-29)。

# 第1章 预备知识

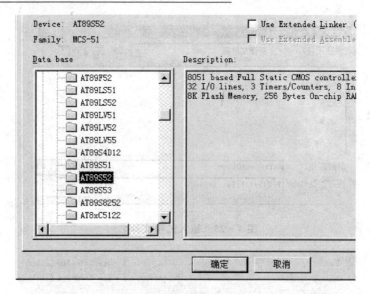

图 1-25 选择单片机型号

图 1-26 在出现的话框中单击"是"按钮

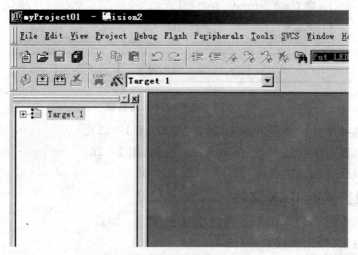

图 1-27 程序返回到主界面

图 1-28　让 Target 1 为选中状态

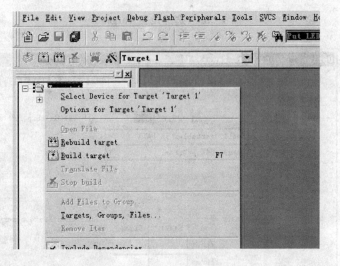

图 1-29　Target 快捷菜单

(3) 选择 Option for Target…命令(图 1-30)。
(4) 在打开的窗口中选择 Output 选项卡(图 1-31)。
(5) 选择 Create HEX File 选项,单击"确定"按钮(图 1-32)。
(6) 返回到主界面(图 1-33)。

# 第1章 预备知识

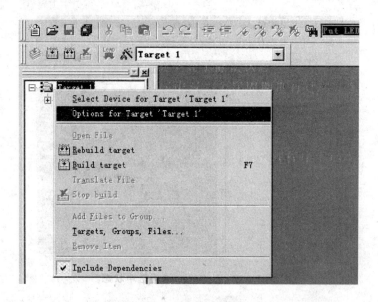

图1-30 选择设置 Target 1

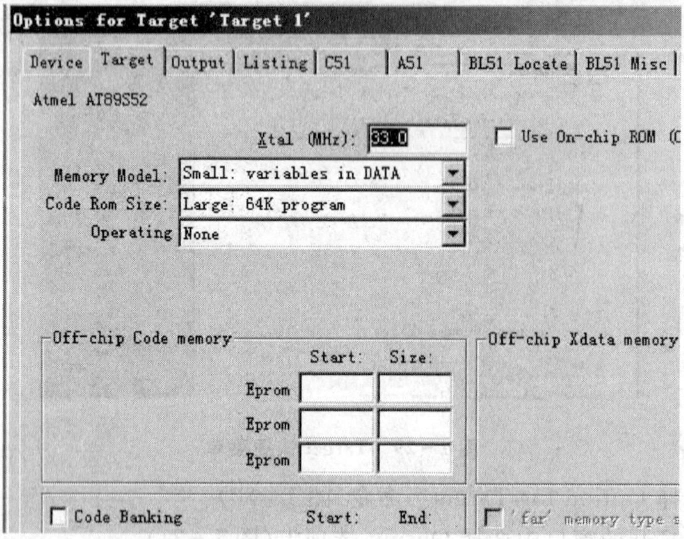

图1-31 选择 Output 选项卡

第1章 预备知识

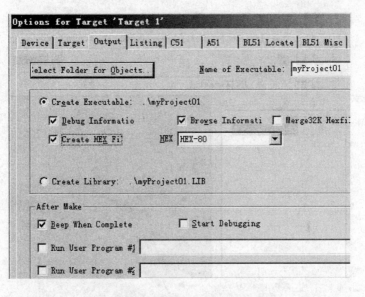

图1-32 选择Create HEX选项

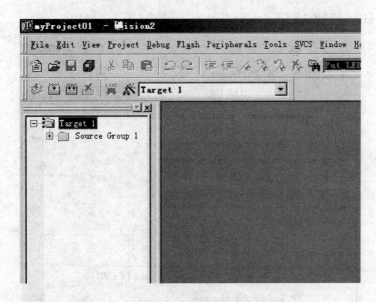

图1-33 返回到主界面

## 4. 在工程文件里添加C51程序

（1）选择左上角Source Group 1选项（图1-34）。

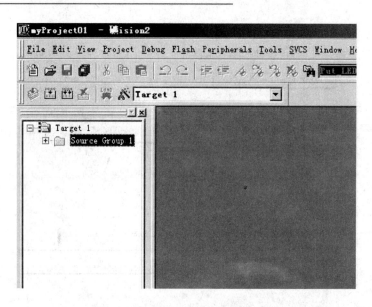

图 1-34 选择 Source Group 1 选项

(2) 右击,选择 Add Files to Group... 命令(图 1-35)。

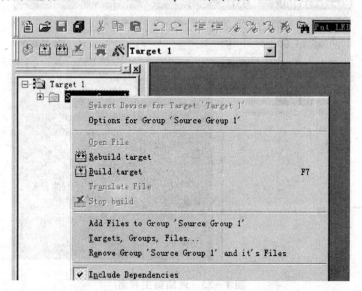

图 1-35 选择 Add Files to Group... 命令

(3) 找到要加入到工程文件中的源程序(图 1-36)。

(4) 单击 Source Group 1(图 1-37)。

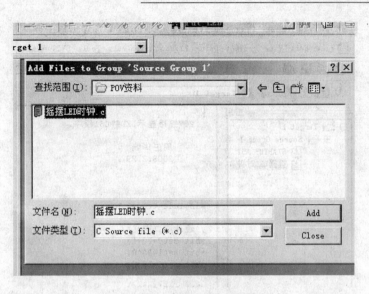

图 1-36 添加 C51 程序

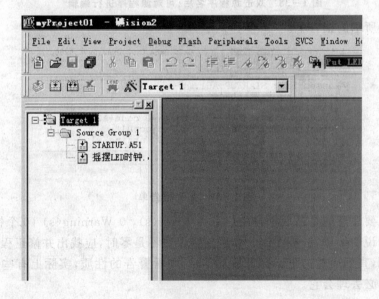

图 1-37 单击 Source Group 1

(5) 双击源程序名后,可对源程序进行编辑(图 1-38)。

## 5. 编译工程文件

单击图标后,Keil 将对工程文件进行编译。最后在界面左下角看到类似

## 第1章 预备知识

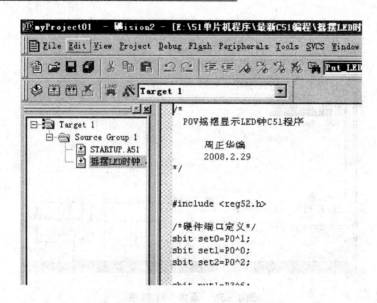

图1-38 双击源程序名后,可对源程序进行编辑

图1-39所示的报告单。

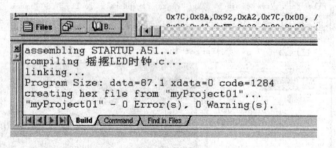

图1-39 编译报告单

这里要注意的是最后一排的信息,0 Error(s),0 Warning(s)(0个错误,0个警告),说明编译、链接无误。如遇到错误数不是零时,应找出并修正程序中出现的问题,直到通过为止。警告不是零时,则看警告的性质,实际上有些警告我们可以不必去理会它。

# 第 2 章

# 从流水灯到摇摇棒

## 2.1 引言

摇摇棒又称魔棒、闪光棒、星光棒等,现已是很成熟的娱乐产品,常出现在明星演唱会现场。只见歌迷们不断快速摇晃手中发光的棒体,在其划过的轨迹上就会留下一幅发光的图案或文字,给人以新奇而夺目的视觉效果。

这看似很神奇的东西原理很简单,其实就是一支晃动的流水灯。

根据我们的日常经验:用一个点光源在人的眼前划过,就会在人眼中产生线状的显示图像,如用一个条状的发光物体在人的眼前晃动,产生的景象就成了一个带状的发光图案。

同样的道理,我们让一串线状 LED 发光条在相同的时间段里,按预设的显示方式点亮其中的部分 LED,并让这个光条运动,这样,由于人眼的"视觉暂留"效应,在眼前就能呈现出有意义的显示画面来,如图 2-1 所示。

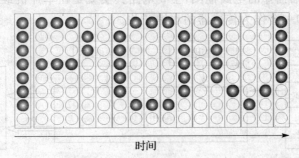

图 2-1 摇摇棒显示原理示意图

我们在这里介绍制作的摇摇棒主要针对初学者,在制作上力求做到材料易寻、电路及程序尽量简单,以方便读者制作。在编程上按从简到繁的顺序,安排 3 个编程任务:

## 第 2 章  从流水灯到摇摇棒

（1）摇摇棒上的流水灯。
（2）摇摇棒显示有趣的"手拉手"图案。
（3）显示汉字字符"祝你成功"。
其 POV 项目表，如表 2-1 所列。

表 2-1  POV 制作项目之一：摇摇棒

| POV 项目 | 摇摇棒 |
|---|---|
| 发光体 | 16 只单色 LED |
| 运动方式 | 摇摆式往复运动 |
| 供电方式 | 电池供电，用两只 3.6 V 锂电池串联使用 |
| 传感器 | 水银开关 |
| 主控芯片 | AT89S52 |
| 调控方式 | 无 |
| 功能 | 流水灯显示图案，显示汉字字符 |

## 2.2  系统构成

### 2.2.1  系统框图

图 2-2 为摇摇棒的电路框图，主要电路其实就是在单片机最小系统上增添了 16 只 LED 和一个作为传感器的水银开关。

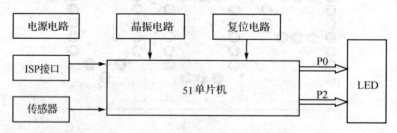

图 2-2  摇摇棒框图

另外，添加的电源电路是为了让电池电压转换成 5 V 直流电，有了 ISP 下载插座可随时更新单片机内的程序，方便调试。

显示用的 LED 占用了 P0 和 P2 两个端口,共 16 只,这样能够完整显示 16 点阵的汉字。

在显示汉字时,需要位置传感器,用一个水银开关探测摇摇棒的运行状态,占用外部中断 0,即 P3_2 口(12 脚)。

### 2.2.2 整体结构

整个硬件由 3 部分组成:电源部分、显示部分、主控部分,分别安排在 3 张电路板上,并用结构件固定在一起。

电源部分由电池及稳压电路构成,安排在电源板上;主控部分就是一个单片机最小系统,安排在主控板上;显示部分及传感器安排在显示板上。摇摇棒的结构草图如图 2-3 所示。

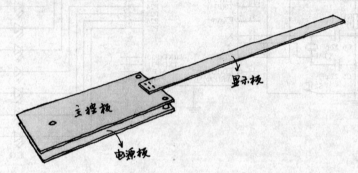

图 2-3 摇摇棒的结构草图

## 2.3 硬件制作

### 2.3.1 电原理图

摇摇棒的电路如图 2-4 所示,就是在单片机最小系统的 I/O 端口连接有 16 只 LED。供电的稳压电路是一个典型的三端稳压电路。

### 2.3.2 元件清单

详细备料单如表 2-2 所列。

## 第2章 从流水灯到摇摇棒

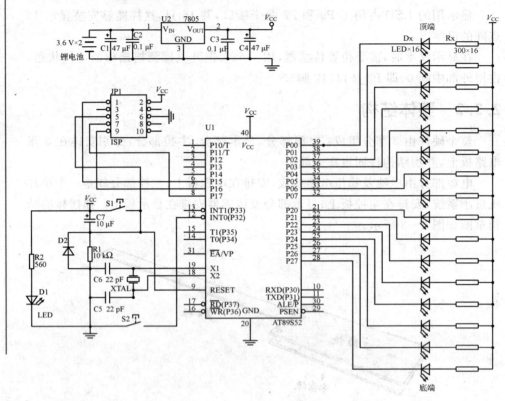

图 2-4 摇摇棒电路图

表 2-2 摇摇棒主要元件清单

| 元器件 | 规格或型号 | 图中编号 | 数 量 | 说 明 |
|---|---|---|---|---|
| 单片机 | AT89S52 | U1 | 1 | |
| 三端稳压器 | 7805 | U2 | 1 | |
| 二极管 | IN4148 | D2 | 1 | |
| 发光二极管 | φ5 | Dx | 16 | 选用高亮度和自己喜欢的颜色 |
| | φ5 | D1 | 1 | 低亮度 颜色与其他 LED 相区别 |
| 电解电容 | 47 μF | C1 C4 | 2 | |
| | 10 μF | C7 | 1 | |
| 电 容 | 0.1 μF | C2 C3 | 2 | 用贴片式封装 |
| | 22 pF | C6 C5 | 2 | 容量值大小在 30 pF 左右均可 |

续表 2-2

| 元器件 | 规格或型号 | 图中编号 | 数量 | 说明 |
|---|---|---|---|---|
| 排阻 | 330 Ω | Rx | 2 | |
| 电阻 | 10 kΩ | R1 | 1 | |
| | 560 Ω | R2 | 1 | 指示用 LED 的限流电阻可自定阻值 |
| 晶振 | 12 MHz | | 1 | |
| 水银开关 | | S2 | 1 | |
| 其他 | 电路板、排插、IC 座、电池、开关等可根据自己的需要选择 | | | |

## 2.3.3 主要元件说明

### 1. LED(发光二极管)

在实际制作中,除了关心 LED 的外型尺寸及发光颜色外,还有以下几点值得关注:

(1) LED 的引脚极性:LED 只能在正向电流流过时才能发光,因而在安装在电路板上时需要注意识别引脚正负。对直插式封装的 LED,一般可根据其引脚长短和 LED 内部电极大小等外观来识别引脚的正负,如表 2-3 所列。

表 2-3 直插封装 LED 引脚的外观识别参考

| 引脚极性 | 引脚长短 | 内部电极 | 外沿缺口 |
|---|---|---|---|
| 正 | 长 | 小 | 无 |
| 负 | 短 | 大 | 有 |
| 外观图示 | 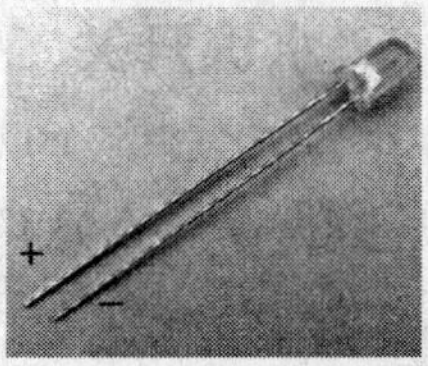 | 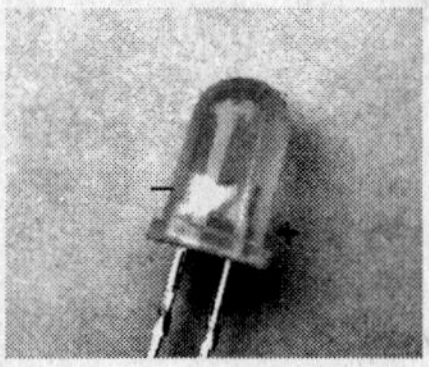 | 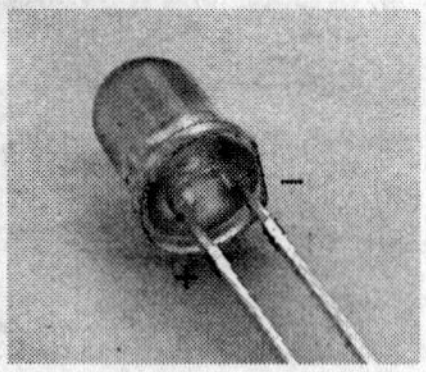 |

但有时也会出现例外情况,其实,最简单可靠的方法还是直接用数字万用表的 LED 挡来进行测试,当 LED 发光时,接在红笔的引脚为正,接在黑笔的引脚为负。

(2) LED 正常发光的工作电压及电流值:即使在封装在一起的 LED,因发光的颜色不同,它们正常发光的工作电压值是不同的。

在业余情况下,大多不知道手上的LED的性能参数,只能凭经验粗略估计,作为参考,一般来说:

① 红色电压1.8~2.2 V,绿色电压2.0~3.9 V,蓝色及白色电压2.8~4.2 V;

② $\phi 3$ mmLED的额定电流1~10 mA;

③ $\phi 5$ mmLED的额定电流5~25 mA;

④ $\phi 10$ mmLED的额定电流25~100 mA。

(3) LED限流电阻的计算:为保证LED工作在安全状态,简单而常见的方法是给LED串接一只限流电阻。限流电阻值的计算公式为

$$限流电阻阻值(R) = (电源电压(V_{CC}) - LED正向电压(V_F))/LED正向电流(I_F)$$
$$限流电阻功率 = 限流电阻阻值 \times LED正向电流$$

根据计算的结果取数值最接近的电阻值。

### 2. 排 阻

我们看到,在LED POV的制作电路中都会有许多LED,这样,在电路中也自然就有相对应的限流电阻,它们功率和阻值大多相同,且一般都有一个接电源或地的公共端。为省元件数量,简化电路,可采取用一只排阻替代若干只电阻的办法。实物图如图2-5所示。

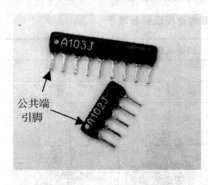

图2-5 排阻的外型及引脚

排阻的阻值一般用3位数字表示,前2位为有效数字,后面的一位表示的是10的次方。

比如:104表示100 000 Ω即100 kΩ,331表示330 Ω。

### 3. 水银开关

在有两个电极的小容器里注入一小滴水银,因为重力的关系,水银珠会向容器中较低的地方流去,当同时接触到小容器中的两个电极时,两电极将被接通。

在摇摇棒的制作中,水银开关按如图2-6所示的姿态安装在摇摇棒上的,只有当摇摇棒从向右运动快速转为向左运动时,水银开关内的水银由于惯性将会向上移动,接通电极。

注意:在使用水银开关时,须特别小心,不要弄破外壳,以免水银中毒或破坏环境。

### 4. 三端稳压器

7805 三端稳压器为线性降压型 DC/DC 转换器,属于 78 系列稳压器大家族一成员。由于结构简单易用、价格低廉,而被广泛应用。

78 系列的三端稳压器引脚如图 2-7 所示。

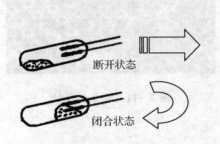

1—输入端;2—输出端;3—公共地

图 2-6　用水银开关作摇摇棒的状态传感器　　图 2-7　78 系列三端稳压器的引脚

## 2.3.4　制作要点

### 1. 显示板与主控板的连接

由于摇摇棒整体尺寸较长,一般不容易找到大小适合的万用板,同时,为减少浪费,合理使用材料,将显示板与主控板采用拼接方式连接成一个整体,具体步骤如下:

(1) 将排插的插针按孔距尺寸加工成 U 形,如图 2-8、图 2-9 所示。

图 2-8　取用排插的插针　　　　　　　图 2-9　将其加工成 U 形

(2) 再将 U 形插针穿过两块电路板上的孔,并将两电路板夹紧,如图 2-10 所示。

（3）最后将在焊接面将 U 形针脚焊在焊盘上,使两张电路板牢固的连成一体如图 2-11 所示。

图 2-10　将 U 形针穿过两电路板孔

图 2-11　焊上 U 形针

### 2. LED 加工处理

安装 LED 时,直径 5 mm 的 LED 外型尺寸与电路板的孔距不太合适,要么两只 LED 之间相隔较远,要么相隔较近时会有重叠现象,如图 2-12 所示。需要用工艺刀将 LED 下端突出的外沿截除,如图 2-13 所示。这样使 LED 与 LED 之间排列紧密,显示效果也要好些。

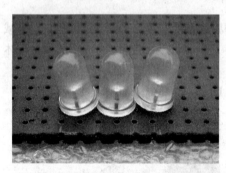

图 2-12　排成一排的 LED 会出现重叠现象

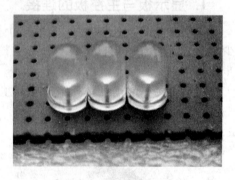

图 2-13　加工好的 LED

### 3. 传感器的安装

从摇摇棒的运动方式看,其运动过程中,从左到右和从右到左是不一样的,如不加于区别,就会使画面出现乱显的现象。

需要有一个感知运行状态的传感器,这里选用的是水银开关,如图 2-14 所示。这就要求在安装水银开关时,特别要注意其安装姿态,应让其顶端朝右下方并略有倾斜,如图 2-15 所示。

图 2-14 水银开关

图 2-15 水银开关的安装方法

**4. 元件布局安排**

为 51 单片机 IC 配一个插座,一方面可方便更换 IC(对初学者来说,这点很重要,因为你的 51 单片机随时有挂掉的可能);另一方面,还可将晶振电路和复位电路安排在 IC 插座内部。这样不但可使电路显得简洁,也让这些电路的元件随时得到保护。

**5. 电源板与主控板的连接**

用热缩管将电池固定在电源板上,最后用螺柱将电源板与主控板装配在一起,如图 2-16 和图 2-17 所示。

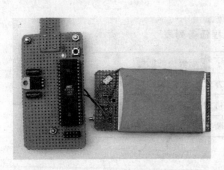
图 2-16 电源板与主控板

图 2-17 两张电路板装配在一起

**6. 制作完成的摇摇棒**

制作完成后的摇摇棒如图 2-18 所示。

## 第2章 从流水灯到摇摇棒

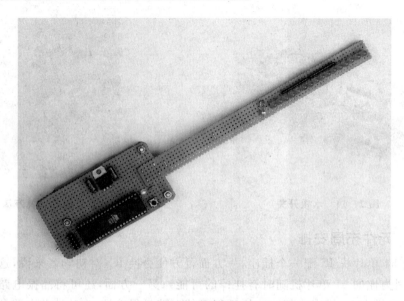

图 2-18 完成后的摇摇棒

## 2.4 软件设计

为了加深对 POV 显示制作原理的理解,分解编程难度,将在制作好的摇摇棒上完成 3 个编程任务,如表 2-4 所列。

表 2-4 本章编程任务列表

| 任 务 | 重点解决的问题 |
|---|---|
| 流水灯 | 查表方式的流水灯程序 |
| 显示图案"手拉手" | 如何得到图形扫描码 |
| 显示汉字"祝你成功" | 用中断方式显示 POV 图案 |

### 2.4.1 摇摇棒上跑流水灯

流水灯又称跑马灯,就是让一串灯按一定的规律闪亮,给人以动感的效果。典型的流水灯表现形式就是将各个灯按顺序依次发光。

我们的第一个任务,就来做一个让摇摇棒上的 LED 依次发光的真正的流水灯,一方面让初学者先练练手,另一方面,也可把它看成摇摇棒的检测程序,用来检测焊接出来的硬件是否过关。将来还可以把这样的流水灯程序用在其他 POV 制作上,增加一个开机自检功能,既实用还显得专业。

**1. 发光状态的数据表示**

对于流水灯的编程,最自然的想法就是按实际的发光情况直接 P0 和 P2 口赋值。

比如:

在这样的发光状态时:●●●○●●●●●●●●●●●●

C51 语句:P0=0x08;P2=0x00;

又比如:

在这样的发光状态时:●●●●●●●●●●●●○●●●

C51 语句:P0=0x00;P2=0x10;

显然如要显示复杂一些的流水灯,这样编程量很大,实际应用并不适合。解决的办法是先将上面所列的各发光状态依次放入一个数组内,然后在程序中通过一个循环取出数组数据,并赋给 P0 和 P2,这样一来,程序就显得简洁了许多。

**2. 完整源程序**

以下为用此思路编写的流水灯程序。

**程序 2-1**

```
//--------------------------------------------------
//程序名:16LED 流水灯程序
//编  程:周正华
//说  明:单片机 89S52,晶振 12M
//--------------------------------------------------


//--------------------------------------------------
//* *   嵌入文件   * *
//--------------------------------------------------
#include <reg52.h>              //51 单片机硬件资源参数说明


//--------------------------------------------------
//* *   变量说明   * *
//--------------------------------------------------
unsigned char led1;             //P0 端口 LED 显示缓冲变量
unsigned char led2;             //P2 端口 LED 显示缓冲变量
unsigned char code LS[] =       //LED 显示扫描码列表
```

## 第 2 章 从流水灯到摇摇棒

```
{
    0x01,0x00,    //○●●●●●●● ●●●●●●●●
    0x02,0x00,    //●○●●●●●● ●●●●●●●●
    0x04,0x00,    //●●○●●●●● ●●●●●●●●
    0x08,0x00,    //●●●○●●●● ●●●●●●●●
    0x10,0x00,    //●●●●○●●● ●●●●●●●●
    0x20,0x00,    //●●●●●○●● ●●●●●●●●
    0x40,0x00,    //●●●●●●○● ●●●●●●●●
    0x80,0x00,    //●●●●●●●○ ●●●●●●●●
    0x00,0x01,    //●●●●●●●● ○●●●●●●●
    0x00,0x02,    //●●●●●●●● ●○●●●●●●
    0x00,0x04,    //●●●●●●●● ●●○●●●●●
    0x00,0x08,    //●●●●●●●● ●●●○●●●●
    0x00,0x10,    //●●●●●●●● ●●●●○●●●
    0x00,0x20,    //●●●●●●●● ●●●●●○●●
    0x00,0x40,    //●●●●●●●● ●●●●●●○●
    0x00,0x80,    //●●●●●●●● ●●●●●●●○
};

//------------------------------------------------
// * *  延时函数  * *
//------------------------------------------------
void Delay(unsigned int ms)
{
    unsigned int x,y;
    for(x = 0; x< = ms;x ++ )
    {
        for(y = 0;y< = 110;y ++ );
    }
}


//------------------------------------------------
// * *  主程序  * *
//------------------------------------------------
main(void)
{
    unsigned char i;
    for(;;)
```

```
    {
      for(i = 0;i<16;i++)              //共 16 组扫描码
      {
        P0 = ~LS[2 * i];                //P0 口取扫描码
        P2 = ~LS[2 * i + 1];            //P2 口取扫描码
        Delay(10);                      //延时
      }
    }
}
```

这是一个万能的流水灯程序,我们可以通过改写数组 LS[]的数据,让 LED 产生我们预设的各种花式的亮光。

待你的流水灯程序在摇摇棒上能正常运转后,不仿晃动一下,看一看显示出来的会是什么?

晃动的流水灯效果如图 2-19 所示。

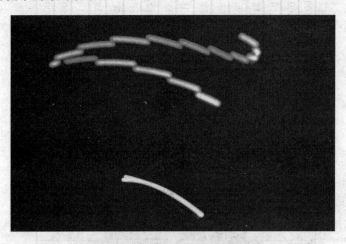

图 2-19　晃动流水灯的效果

## 2.4.2　"手拉手"——让摇摇棒显示图案

如流水灯程序在摇摇棒上通过,说明硬件制作基本什么问题,接下来将介绍如何在摇摇棒上表现出一些重复的对称图案。

先选一个自己喜欢的对称图案,这时我想起了一幅儿时经常玩的剪纸图案:一个伸开双臂的人形图。就让摇摇棒上来表现这样一串的"手拉手"图案。

对于简单的图形,可用手工方式获得驱动端口的扫描码,具体操作过程

## 第2章 从流水灯到摇摇棒

如下：

（1）将要显示的图案涂在 16×16 的方格里。

（2）将每一列平分为两段，每段按上低下高看成 16 数，涂过的方格看成"1"，没有涂过的方格看成"0"，如图 2-20 所示。这样，每一列都将得到两个十六进制数，一共得到 32 个十六进制数：

0xc0，0x00，0xc0，0x00，0xc0，0x10，0xc0，0x18，0xe0，0x9c，0x66，0xff，0xef，0xff，0xff，0x1f，

0xff，0x1f，0xef，0xff，0x66，0xff，0xe0，0x9c，0xc0，0x18，0xc0，0x10，0xc0，0x00，0xc0，0x00

（3）上面的一组十六进制数就是所需要的"手拉手"图案的扫描码，将前面流水灯中程序中的扫描码用这组数替换并将程序的延时时长适当缩短，就成了能显示"手拉手"图案的摇摇棒程序了。

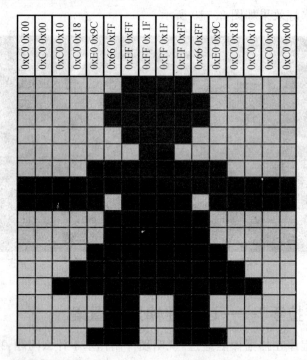

图 2-20 取得图形扫描码方法

完整程序见程序 2-2。

## 程序 2-2

```
//---------------------------------------------------
//程序名:16位LED摇摇棒程序——手拉手
//编  程:周正华
//说  明:单片机89S52,晶振12M
//---------------------------------------------------


//---------------------------------------------------
//* *   嵌入文件    * *
//---------------------------------------------------
#include <reg52.h>              //51单片机硬件资源参数说明


//---------------------------------------------------
//* *   变量说明    * *
//---------------------------------------------------
unsigned char led1;             //P0端口LED显示缓冲变量
unsigned char led2;             //P2端口LED显示缓冲变量
unsigned char code LS[] =       //LED显示扫描码列表
{
   0xc0, 0x00,                  //●●●●●●○○ ●●●●●●●●
   0xc0, 0x00,                  //●●●●●●○○ ●●●●●●●●
   0xc0, 0x10,                  //●●●●●●○○ ○○○●○○○○
   0xc0, 0x18,                  //●●●●●●○○ ○○○●●○○○
   0xe0, 0x9c,                  //●●●●○○○○ ●○○●●●○○
   0x66, 0xff,                  //●○○●●○○● ○○○○○○○○
   0xef, 0xff,                  //○○○●○○○○ ○○○○○○○○
   0xff, 0x1f,                  //○○○○○○○○ ○○○●●●●●
   0xff, 0x1f,                  //○○○○○○○○ ○○○●●●●●
   0xef, 0xff,                  //○○○●○○○○ ○○○○○○○○
   0x66, 0xff,                  //●○○●●○○● ○○○○○○○○
   0xe0, 0x9c,                  //●●●●○○○○ ●○○●●●○○
   0xc0, 0x18,                  //●●●●●●○○ ○○○●●○○○
   0xc0, 0x10,                  //●●●●●●○○ ○○○●○○○○
   0xc0, 0x00,                  //●●●●●●○○ ●●●●●●●●
   0xc0, 0x00                   //●●●●●●○○ ●●●●●●●●
};

//---------------------------------------------------
```

## 第2章 从流水灯到摇摇棒

```c
// * *   延时函数   * *
//------------------------------------------------
void Delay(unsigned int msec)
{
  unsigned int x,y;
  for(x = 0; x <= msec; x + +)
  {
    for(y = 0; y <= 110; y + +);
  }
}


//------------------------------------------------

// * *   主程序   * *
//------------------------------------------------
main(void)
{
  unsigned char i;
  for(;;)
  {
    for(i = 0; i<16; i + +)              //共 16 组扫描码
    {
      P0 = ~LS[2 * i];                   //P0 口取扫描码
      P2 = ~LS[2 * i + 1];               //P2 口取扫描码
      Delay(1);                          //延时
    }
  }
}
```

　　由于没有传感器感知摇摇棒的位置信息,摇动显示的结果会是一串重复出现的同一个图案,得到的效果是若干人手拉着手,效果非常生动。"手拉手"的效果图如图 2-21 所示。

　　在这里选择对称图案是为了保证左右来回晃动时,不会担心图案出现"反显"现象。

　　以上的两个编程任务,没有用上传感器,并且不管是硬件方面还是软件方面都是不需作任何调试的。只要制作和操作无误,就能达到预期效果。

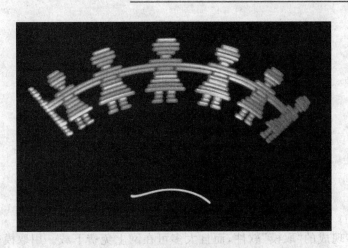

图 2-21 摇摇棒显示"手拉手"图案

## 2.4.3 "祝你成功"——摇摇棒显示字符

与显示简单的对称图案相比,显示字符图形考虑的问题要复杂些,如果还是沿用前面的制作方法,除非用的是完全对称的字符,否则,在来回摇晃时,画面会同时出现正像和反像的字符图案,使得观看者无法看清楚。因此,要能正常显示字符,最关键的一点是要确定显示字符的起始位置,以保证画面的稳定,另外还需注意摇棒反向运行时,字符会出现反显的问题。

这里主要是靠水银开关检测出摇棒反向运动的时刻,值得注意的是,摇棒来回运动一个周期会出现两次反向运动状态,而普通的水银开关只能测到其中的一次。

程序的主线条就是,通过中断方式,将检测到的位置信号传递给运行中的程序,确定显示时刻。

程序框图如图 2-22 所示。

摇摇棒的画面显示处理过程如表 2-5 所列。

表 2-5 显示画面的处理过程

| 起始点 | 延时 | 空 | 空 | 字符 | 字符 | 字符 | 字符 | 空 | 空 | 不确定 |
|---|---|---|---|---|---|---|---|---|---|---|
| | 不显示区 | | | 显示区 | | | | 不显示区 | | |

程序中的字符的扫描码,如再沿用前面介绍的手工方法获得显然有些困难。

## 第 2 章 从流水灯到摇摇棒

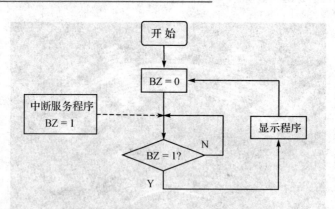

图 2-22 摇摇棒字符显示程序框图

好在有许多现成的"取模"软件,而且大多可在网上免费下载。用取模软件时,要注意取模的方式。程序中的扫描码是按"先从上到下再从左到右,纵向取模,下高位"。

完整程序见程序 2-3。

**程序 2-3**

```
//------------------------------------------------
//程序名:16位LED摇摇棒程序——祝你成功
//编  程:周正华
//说  明:单片机89S52,晶振12M
//------------------------------------------------

//------------------------------------------------
//**  嵌入文件  **
//------------------------------------------------
#include <reg52.h>              //51单片机硬件资源参数说明
//------------------------------------------------
//**  变量说明  **
//------------------------------------------------
unsigned char BZ;
unsigned char code GB_16[] =    //汉字字模
{
    0x00,0x00,0x00,0x00,0x00,0x00,0x00,0x00,    //(空)
    0x00,0x00,0x00,0x00,0x00,0x00,0x00,0x00,
    0x00,0x00,0x00,0x00,0x00,0x00,0x00,0x00,
    0x00,0x00,0x00,0x00,0x00,0x00,0x00,0x00,
```

## 第 2 章 从流水灯到摇摇棒

```
    0x00,0x00,0x00,0x00,0x00,0x00,0x00,0x00,    //(空)
    0x00,0x00,0x00,0x00,0x00,0x00,0x00,0x00,
    0x00,0x00,0x00,0x00,0x00,0x00,0x00,0x00,
    0x00,0x00,0x00,0x00,0x00,0x00,0x00,0x00,

    0x00,0x00,0x08,0x06,0x89,0x01,0xEF,0xFF,    //祝
    0x7A,0xFF,0x9C,0x01,0x88,0x83,0x00,0x41,
    0x7F,0x30,0xFE,0x1F,0xA2,0x0F,0x22,0x00,
    0xA2,0x7F,0x3E,0xFF,0x7F,0xC0,0x02,0x70,

    0x00,0x00,0x80,0x00,0x60,0x00,0xF8,0xFF,    //你
    0xEF,0x7F,0x06,0x10,0x40,0x08,0x20,0x0E,
    0xB8,0x47,0x1E,0x43,0xF7,0xFF,0xD2,0x7F,
    0x10,0x01,0x70,0x06,0x38,0x1C,0x10,0x08,

    0x00,0x00,0x00,0x80,0x00,0x70,0xFC,0x3F,    //成
    0xF8,0x0F,0x88,0x10,0x88,0x30,0x88,0x1F,
    0xC8,0x8F,0xBF,0x40,0xFE,0x67,0xC9,0x3F,
    0x0A,0x3C,0x8E,0x77,0xEA,0xC1,0x48,0xF0,

    0x00,0x00,0x08,0x20,0x08,0x60,0xF8,0x3F,    //功
    0xF8,0x3F,0x0C,0x10,0x08,0x90,0x10,0x68,
    0x10,0x38,0xFF,0x1F,0xFE,0x07,0x10,0x20,
    0x10,0x40,0xF0,0xFF,0xF8,0x7F,0x10,0x00,

    0x00,0x00,0x00,0x00,0x00,0x00,0x00,0x00,    //(空)
    0x00,0x00,0x00,0x00,0x00,0x00,0x00,0x00,
    0x00,0x00,0x00,0x00,0x00,0x00,0x00,0x00,
    0x00,0x00,0x00,0x00,0x00,0x00,0x00,0x00,

    0x00,0x00,0x00,0x00,0x00,0x00,0x00,0x00,    //(空)
    0x00,0x00,0x00,0x00,0x00,0x00,0x00,0x00,
    0x00,0x00,0x00,0x00,0x00,0x00,0x00,0x00,
    0x00,0x00,0x00,0x00,0x00,0x00,0x00,0x00,
};

//-----------------------------------------
```

## 第 2 章 从流水灯到摇摇棒

```c
//* *   延时子程序    * *
//------------------------------------------------
void DelayUs(unsigned int N)
{
    unsigned int x;
    for(x = 0;x <= N;x + +);
}

//------------------------------------------------
//* *   外部中断 0 服务程序    * *
//------------------------------------------------
void intersvr0(void) interrupt 0 using 1
{
    BZ = 1;                          //标志置 1,主程序将进入显示
                                     //程序状态
}

//------------------------------------------------
//* *   主程序    * *
//------------------------------------------------
void main(void)
{
    int i;                           //循环变量

    IT0 = 1;                         //外部中断 0 初始化
    EX0 = 1;
    EA = 1;

    P0 = 0xff;                       //P0、P2 端口初始化
    P2 = 0xff;
    while(1)
    {
        if(BZ = = 1)                 //运行显示程序入口
        {
            DelayUs(2000);           //延时一段时间,避开显示不正常区
            for(i = 0;i<128;i + +)   //取扫描码
            {
                P0 = ~GB_16[i*2];    //P0 端口取码
```

```
            P2 = ~GB_16[i*2+1];              //P2 端口取码
            DelayUs(70);                      //保持显示状态
            P2 = 0xff;                        //消隐
            P0 = 0xff;                        //消隐
        }
        BZ = 0;                               //显示标志置零,等待中断改变状态
    }
}
```

程序不需要作任何调试就能正常工作,只是水银开关的姿态要根据显示的状态进行适当调整,必要时可对调引脚的方法进行处理,让其能正常显示文字。

摇摇棒正常显示的效果如图 2-23 所示。

图 2-23 摇摇棒显示"祝你成功"

## 2.5 后 记

制作摇摇棒其实并不难,不过,要让做出来的摇摇棒显示效果让人满意,却也不易。主要的问题在于摇摇棒的传感器选用与安装,制作时需多加注意。

本摇摇棒的制作是初步的,还可作如下改进:

(1) 晃动的来回都显示,使显示更稳定。

(2) 将显示的字符中间宽两边窄现象进行修正。

(3) 增加按键,选择、改变显示内容。

# 第 3 章

# CPU 风扇上 POV

## 3.1 引 言

给台式计算机主板上的 CPU 风扇添加 LED POV,已经成为商业化的产品了。这类风扇通过安装在风叶上高速旋转的 LED,除能显示字符外,有些还能显示 CPU 温度或风扇的转速,给人的感受是耳目一新,很有时代感。

下面将介绍如何将自己计算机上的 CPU 风扇也添加一个这样的 LED POV 显示屏。当开启 CPU 风扇后,屏上显示"Welcome To Here",接着显示"Please wait",最后显示 CPU 风扇的每分钟的转速值"RPM:XXXX"。

根据 CPU 风扇的结构特点,采取的是正在时兴的"无线供电"(即感应供电)方式。

本章的 POV 项目如表 3-1 所列。

表 3-1 POV 制作项目之二:CPU 风扇上的 LED POV

| POV 项目 | CPU 风扇上的 LED POV |
|---|---|
| 发光体 | 8 只单色 LED |
| 运动方式 | 旋转运动 |
| 供电方式 | 感应供电 |
| 传感器 | 反射式光断续器 |
| 主控芯片 | AT89C2051 |
| 调控方式 | 无 |
| 功能 | 显示英文字符及风扇转速值 |

(1) 单片机:受作品的尺寸限制,单片机选用 AT89C2051。
(2) 由于此芯片不支持在线下载,需另配一个支持此芯片的编程器。如手

上没有编程器,也可选用与此芯片兼容的其他芯片,如 STC 公司的 12C 系列的芯片,这类芯片支持串口下载。

(3) LED:因 CUP 风扇尺寸很小,为了使显示效果好一些,采用贴片式 LED,使用焊接时需要一些技巧。

(4) 供电方式:根据 CUP 风扇的结构特点,这里采用了感应供电方式,即将供电线圈(初级)缠绕在风扇架外,感应线圈(次级)直接缠绕在风叶上,这样就形成了一个初级线圈与次级线圈没有磁回路的变压器。要使电能有效地传输出去,驱动初级线圈的频率有一个最佳振荡频率范围,在业余条件下,可通过试验找到。

(5) 传感器:本制作用反射式光断续器作为传感器,尽量选用尺寸较小的。

## 3.2 系统构成

### 3.2.1 系统框图

系统框图如图 3-1 所示。

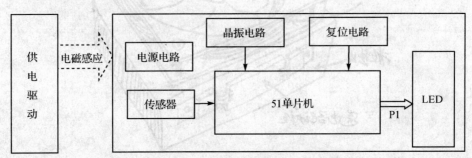

图 3-1 系统框图

主控系统除电源电路部分外,其余与前章类似,这里不再详述。

电源部分采用的是感应供电方式,感应供电框图如图 3-2 所示。

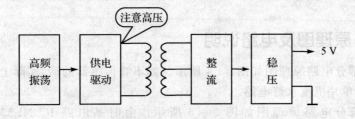

图 3-2 感应供电框图

# 第3章 CPU风扇上POV

可将感应供电看成是耦合度很低的变压器,其电路的特征与一般的开关电路极为相似。它是通过振荡电路经场效应晶体管驱动供电线圈产生高压振荡,在接收端的感应线圈内产生感应电压,经整流和稳压后得到5V直流电,作为主控显示部分的工作电源。

## 3.2.2 硬件结构

电路由两部分组成:一是无线供电驱动板,为旋转运动的主控板提供电源,因有两只发热较大的元件,直接安装在CPU的散热片上;二是电能感应接收及主控电路板,用4只螺钉固定在风轮上,如图3-3所示。

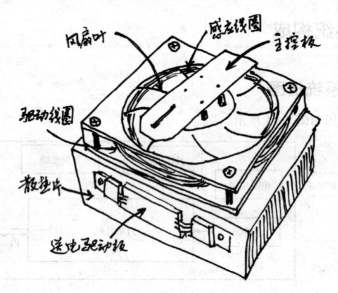

图3-3 整体结构图

## 3.3 硬件制作

### 3.3.1 原理图及电路说明

主控部分电路原理图如图3-4所示。如不看传感器的话,实际上就是一个典型的51单片机流水灯电路。

电源部分电路原理图如图3-5所示。由时基电路IC NE555产生约12 kHz的振荡波经场效应管IRF740驱动,在T1线圈内产生谐振,在线圈T2

# 第 3 章 CPU 风扇上 POV

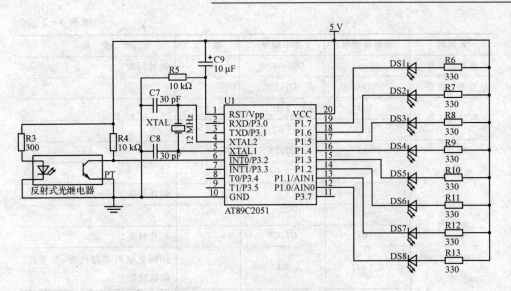

图 3-4 主控部分电路原理图

内感应产生电压,再经整流和稳压后输出直流 5 V 电压。

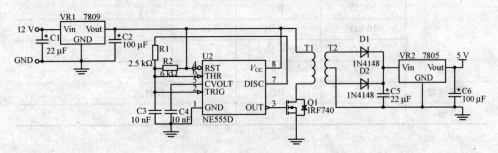

图 3-5 供电部分电路原理图

## 3.3.2 元件清单

主要元件清单如表 3-2 所列。

表 3-2 CPU 风扇上的 LED POV 电路元件清单

| 元器件 | 规格或型号 | 图中编号 | 数量 | 说明 |
| --- | --- | --- | --- | --- |
| 单片机 | AT89C2051 | U1 | 1 | 双列直插封装 |
| 时基 IC | NE555 | U2 | 1 | |
| 场效应晶体管 | IRF740 | Q1 | 1 | |

续表 3-2

| 元器件 | 规格或型号 | 图中编号 | 数量 | 说　明 |
|---|---|---|---|---|
| 发光二极管 | 0805 | DS1~DS8 | 8 | 贴片封装 |
| 整流二极管 | 1N4148 | D1,D2 | 2 | |
| 三端稳压器 | 7809 | VR1 | 1 | |
| | 78L05 | VR2 | 1 | |
| 电解电容 | 22 μF | C1,C5 | 2 | |
| | 100 μF | C2,C6 | 2 | |
| | 10 μF | C9 | 1 | 贴片封装 |
| 电　容 | 10 nF | C3,C4 | 2 | |
| | 30 pF | C7,C8 | 2 | 贴片封装 |
| 电　阻 | 2.5 kΩ | R1 | 1 | 用两支电阻串接代替,尽量让阻值接近 |
| | 6 kΩ | R2 | 1 | 用两支电阻串接代替,尽量让阻值接近 |
| | 300 Ω | R3 | 1 | |
| | 10 kΩ | R4,R5 | 2 | |
| | 330 Ω | R6~R13 | 8 | |
| 晶振 | 12M | XTAL | 1 | |
| 光断续器 | | PT | 1 | 反射式 |
| 其他 | | | | |

## 2.3.3　主要元件说明

### 1. AT89C2051

可以把 AT89C2051 看成是只有 20 只引脚的 AT89C51,其中,省去了 P0 口、P2 口以及 EA/Vpp、ALE/PROG、PSEN 等端口。

与 AT89C51 相比,AT89C2051 还具有一些 AT89C51 没有的特殊有用功能:

(1) 它的内部构造了一个模拟信号比较器,其输入端连到 P1.0 和 P1.1 口,比较结果存入 P3.6 对应寄存器(P3.6 在 AT89C2051 外部无引脚)。

(2) 它有很宽的工作电源电压,在 2.7~6 V 之间能正常工作,当用来做便携式的制作时,适合用锂电池直接供电。

AT89C2051 的引脚定义如图 3-6 所示。

由于 AT89C2051 不支持在线下载功能,程序写入需要在编程器上完成。

### 2. NE555

NE555 是一个延用时间长、应用范围广的计时 IC。只需简单的电阻器、电容器,即可完成特定的振荡延时功能。其延时范围很宽,可从几微秒至几小时;工作电压也很宽,在 4.5~18 V 之间。

NE555 引脚定义如图 3-7 所示。

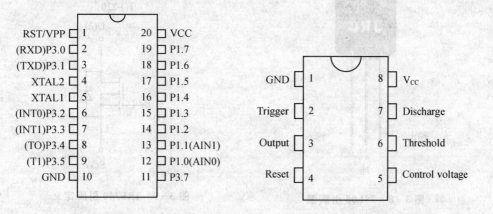

图 3-6　AT89C2051 引脚定义　　　图 3-7　NE555 引脚定义

利用 NE555 制作振荡器,网上有免费下载的 555 设计软件,可让你的设计制作变得轻松方便。

### 3. 78L05 三端稳压器

因主控板面积较小,加上耗电不大。给主控板提供电源的三端稳压器采用 TO92 封装的 78L05。

引脚定义如图 3-8 所示。

78L05 主要性能参数:

(1) 固定输出 5 V 直流电压。

(2) 输出电流 100 mA。

(3) 输入电压最高可达 20 V。

(4) 输入电压最低不小于 7 V。

(5) 具有过热和短路保护功能。

因生产厂家不同,性能参数会有一些差别,另外,还会出现引脚定义不同的情况。

### 4. IRF740

IRF740 为 N 型沟道场效应管（MOSFET），常用于开关电路中。

IRF740 引脚定义如图 3-9 所示。

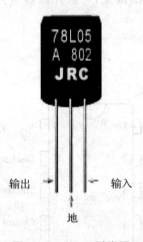

图 3-8  78L05 引脚图

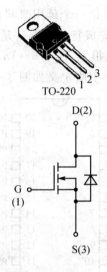

图 3-9  IRF740 引脚定义

主要性能参数：

$V_{DS} = 400$ V

$I_D = 10$ A

$R_{DS(on)} = 0.55$ mΩ

### 5. 反射式光断续器

反射式光断续器又称反射式光偶传感器，该器件是将发光元件和受光器件组合为一体，当发光元件发出的光被物体反射时，通过受光器件感应到反射回来的光信号，就能检测出传感器前有物体存在，如图 3-10 所示。

这里选用尺寸小的反射式光断续器，外形及引脚定义如图 3-11 所示。

### 6. 1N4148 高速二极管

因感应线圈得到的电压频率很高，整流不能沿用普通整流二极管，需要选用反应速度高的二极管。

# 第 3 章　CPU 风扇上 POV

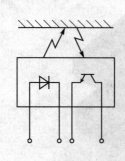

图 3-10　反射式光断续器工作原理示意图

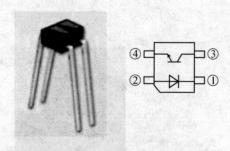

图 3-11　反射式光断续器外形及引脚定义

选用的玻封高速二极管 1N4148 的性能参数：

（1）反向耐压：75 V。
（2）反向漏电流：5～50 nA。
（3）正向导通压降：0.75～1 V。
（4）正向连续导通电流：150 mA。
（5）正向瞬间导通电流（小于 1 s）：500 mA。
（6）反向恢复时间：4 ns。

引脚定义如图 3-12 所示。

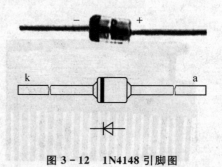

图 3-12　1N4148 引脚图

## 3.3.4　制作概要

### 1. 风扇的框架处理

为了使感应线圈的内外两个线圈相距尽量靠近一些，需要对 CPU 风扇的框架外的安装孔处进行加工处理，使之成为一个完整的圆形，如图 3-13 所示。

### 2. 感应线圈的制作及安装

供电线圈 L1 用 φ0.4 mm 的漆包线在风扇框架外绕 45 圈左右，实测电感量大约为 300 μH。

感应线圈 L2 用 φ0.4 mm 的漆包线在风扇叶上绕 10 圈，并在中间抽头。最好在缠绕之前在缠绕线圈的的风叶处加工一下，以免与外框接触，如图 3-14 所示。

### 3. LED 的焊接

取长度和粗细合适的铜丝，弯成 U 形，并穿过万用板将其焊牢。

## 第3章　CPU风扇上POV

(a) 加工前

(b) 加工后

图3-13　风扇框架的加工前后对比

图3-14　线圈的缠绕方法

仔细将7只贴片封装的LED并排焊接在这根铜丝上,焊时注意LED引脚的正负极性,要保证LED的焊接端都是正极。

最后将LED的另一端用细线焊接好后引出,如图3-15所示。

### 4. 限流电阻的焊接

限流电阻选用贴片封装,采用的是直接焊接在反面的焊盘上的方法,一端直接焊在单片机引脚的焊盘上。

焊接时,限流电阻的一端的焊

图3-15　LED的焊接方法

盘先不上锡,待另一端焊好后在上锡焊接。如图3-16所示。

图 3-16　限流电阻的焊接方法

**5. 反射式光断续器的处理**

将光断续器各两只引脚分开在电路板两面焊接,让感应面向外并与电路板成垂直姿态,如图 3-17 所示。

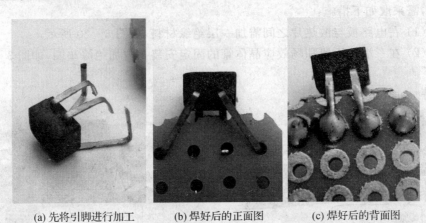

(a) 先将引脚进行加工　　(b) 焊好后的正面图　　(c) 焊好后的背面图

图 3-17　光断续器在电路板上的安装方法

**6. 主控板的安装**

仔细从风扇架上取下风轮,根据主控板上的孔位打孔,并从其内部用沉头螺钉与外面的螺柱安装在一起,保证风轮安装回去后不与电动机有接触。

最后将主控板固定在 4 只螺柱上,如图 3-18、图 3-19 所示。

## 第3章 CPU风扇上POV

图3-18 风轮内部的沉头螺钉

图3-19 将主控板固定在螺柱上

### 7. 供电驱动板的安装

供电板上的三端稳压器和场效应晶体管是发热元件,可直接安装在CUP风扇的散热片上以提高其散热性能,安装时要保证板上元件与散接片绝缘开来,因此,需采取如下措施:

(1) 在电路板与散热片之间需加一层绝缘材料,如图3-20所示。

(2) 在三端稳压器和场效应晶体管的固定安装孔内加绝缘垫圈,如图3-21所示。

图3-20 在电路板下添加绝缘材料

图3-21 安装孔加绝缘垫圈

### 8. 挡光板的制作与安装

挡光板的作用是为给主控板上的光断续器提供反射信号,用一小金属片打孔制成,如图3-22所示,可直接借用安装风扇螺钉位置,将挡光板固定,如图3-23所示。

第3章 CPU风扇上POV

图3-22 加工好的挡板

图3-23 将挡板安装在风扇框上

### 3.3.5 完成图

完成图如图3-24所示。

图3-24 CPU风扇上的POV完成图

## 3.4 软件设计

将显示任务看成三个状态的转换,用变量BZ作为状态的标志,其各状态之间的转换关系如图3-25所示。

主程序的状态流程图如图3-26所示,图中虚线箭头的指向并非是逻辑意

## 第3章 CPU风扇上POV

义上的关系,这里只是表明它们之间通过整体变量进行数据交换的过程。

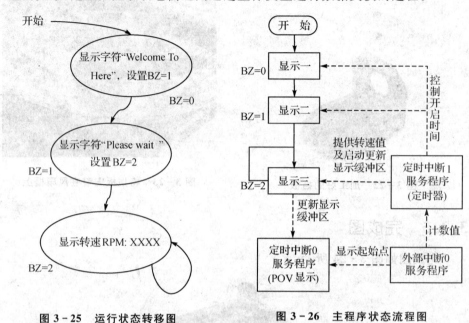

图3-25 运行状态转移图　　　图3-26 主程序状态流程图

### 3.4.1 编程中的问题及解决方案

**1. 显示缓冲区**

当显示内容随时在更新时,更新的时刻与显示的时刻往往并不一致,很难协调。如有一数组作为显示的缓冲区,更新程序只管更新这数组中的数,显示程序只管取出数组中的数,这样就避免了相互的干扰和冲突,简化了相互之间的关系。

程序设立 V[25]为字符显示的缓冲区。

**2. 字模的定位算法**

为了让显示字符更具灵活性,我们在程序中将几乎所有常用的 ASC 码字符的扫描码存放在一数组中:

```
unsigned char code ASCIIDOC[] =         // - ASCII - 编号
{
    0x3E,0x45,0x49,0x51,0x3E,0x00, // - 0 - 0
    0x00,0x21,0x7F,0x01,0x00,0x00, // - 1 - 1
```

```
            0x23,0x45,0x49,0x49,0x31,0x00,    //-2-2
            0x42,0x41,0x49,0x59,0x66,0x00,    //-3-3
            0x0C,0x14,0x24,0x7F,0x04,0x00,    //-4-4
                  ......
                  ......
            0x10,0x7E,0x11,0x11,0x12,0x00,    //-t-59
            0x1E,0x01,0x01,0x1E,0x01,0x00,    //-u-60
            0x1C,0x02,0x01,0x02,0x1C,0x00,    //-v-61
            0x1E,0x01,0x1E,0x01,0x1E,0x00,    //-w-62
            0x11,0x0A,0x04,0x0A,0x11,0x00,    //-x-63
            0x1C,0x02,0x02,0x04,0x1F,0x00,    //-y-64
            0x11,0x13,0x15,0x19,0x11,0x00,    //-z-65
};
```

当需要显示某一字符时,只需定位在这个字符后的编号上就可以。

比如要显示字符"u",注意到字符后的编号为 60,因此,字符"u"的扫描码为:

```
ASCIIDOC[60*6]
ASCIIDOC[60*6+1]
ASCIIDOC[60*6+2]
ASCIIDOC[60*6+3]
ASCIIDOC[60*6+4]
ASCIIDOC[60*6+5]
```

具体到程序中,如要显示缓冲区内第 i 个字符,则扫描码为:

```
ASCIIDOC[6*V[i]]
ASCIIDOC[6*V[i]+1]
ASCIIDOC[6*V[i]+2]
ASCIIDOC[6*V[i]+3]
ASCIIDOC[6*V[i]+4]
ASCIIDOC[6*V[i]+5]
```

### 3. 转速值

计算每分的转速,采取直接计数方式,先得到 12 s 内的中断数(旋转圈数),再将得数乘 5。

### 4. 外部中断 0 服务程序与定时中断 0 服务程序之间的冲突

当探头处于探测位,外部中断服务程序如与用于显示的定时中断服务程序

## 第3章 CPU 风扇上 POV

发生冲突时,显示会产生紊乱现象。为避免这一现象产生,在外部中断服务程序中给显示用的定时中断服务程序一个偏移量:

TH0 = -137/256; TL0 = -137 % 256;

其中任意的数值 137 是根据实际运行情况设定的。

### 5. 显示的稳定性

当显示字符的定时中断服务程序,运行超过一周后,会与外部中断服务程序产生冲突,影响显示的稳定。解决此问题的方法是在显示完字符后,立即关闭显示用定时中断服务程序,并将在外部中断产生后,在中断服务程序中打开。

### 3.4.2 源程序

完整的源程序见程序 3-1。

**程序 3-1**

```
//--------------------------------------------------
//程序名:CPU 风扇上的 POV
//编  程:周正华
//说  明:单片机 89S2051,晶振 12M
//--------------------------------------------------


//--------------------------------------------------
//**  嵌入文件  **
//--------------------------------------------------
#include <reg52.h>              //51 单片机硬件资源参数说明


//--------------------------------------------------
//**  变量说明  **
//--------------------------------------------------

unsigned char V[25];            //显示缓冲区用数组
unsigned char i,j;              //显示定位,i:字符,j:字符其中的一列
unsigned int S;                 //每隔 5 ms 的时间计数
unsigned char BG,BZ;            //显示状态用标志
unsigned int N;                 //转速计数值
unsigned int Rt;                //LED 显示一列的时间
unsigned char num;              //显示转速值
```

```c
/*字符字模*/
unsigned char code ASCIIDOC[] =        //-ASCII-编号
{
    0x3E,0x45,0x49,0x51,0x3E,0x00,  //- 0 - 0
    0x00,0x21,0x7F,0x01,0x00,0x00,  //- 1 - 1
    0x23,0x45,0x49,0x49,0x31,0x00,  //- 2 - 2
    0x42,0x41,0x49,0x59,0x66,0x00,  //- 3 - 3
    0x0C,0x14,0x24,0x7F,0x04,0x00,  //- 4 - 4
    0x72,0x51,0x51,0x51,0x4E,0x00,  //- 5 - 5
    0x1E,0x29,0x49,0x49,0x46,0x00,  //- 6 - 6
    0x40,0x47,0x48,0x50,0x60,0x00,  //- 7 - 7
    0x36,0x49,0x49,0x49,0x36,0x00,  //- 8 - 8
    0x31,0x49,0x49,0x4A,0x3C,0x00,  //- 9 - 9

    0x00,0x00,0x00,0x00,0x00,0x00,  //-   - 10
    0x00,0x00,0x7D,0x00,0x00,0x00,  //- ! - 11
    0x02,0x04,0x08,0x10,0x20,0x00,  //- / - 12
    0x00,0x36,0x36,0x00,0x00,0x00,  //- : - 13

    0x1F,0x24,0x44,0x24,0x1F,0x00,  //- A - 14
     0x7F,0x49,0x49,0x49,0x36,0x00, //- B - 15
    0x3E,0x41,0x41,0x41,0x22,0x00,  //- C - 16
    0x7F,0x41,0x41,0x41,0x3E,0x00,  //- D - 17
    0x7F,0x49,0x49,0x49,0x41,0x00,  //- E - 18
    0x7F,0x48,0x48,0x48,0x40,0x00,  //- F - 19
    0x3E,0x41,0x45,0x45,0x27,0x00,  //- G - 20
    0x7F,0x08,0x08,0x08,0x7F,0x00,  //- H - 21
    0x00,0x41,0x7F,0x41,0x00,0x00,  //- I - 22
    0x02,0x01,0x41,0x7E,0x40,0x00,  //- J - 23
    0x7F,0x08,0x14,0x22,0x41,0x00,  //- K - 24
    0x7F,0x01,0x01,0x01,0x01,0x00,  //- L - 25
    0x7F,0x20,0x18,0x20,0x7F,0x00,  //- M - 26
    0x7F,0x10,0x08,0x04,0x7F,0x00,  //- N - 27
    0x3E,0x41,0x41,0x41,0x3E,0x00,  //- O - 28
    0x7F,0x48,0x48,0x48,0x30,0x00,  //- P - 29
    0x3E,0x41,0x45,0x42,0x3D,0x00,  //- Q - 30
    0x7F,0x48,0x4C,0x4A,0x31,0x00,  //- R - 31
    0x32,0x49,0x49,0x49,0x26,0x00,  //- S - 32
```

## 第 3 章 CPU 风扇上 POV

```
0x40,0x40,0x7F,0x40,0x40,0x00, // - T - 33
0x7E,0x01,0x01,0x01,0x7E,0x00, // - U - 34
0x7C,0x02,0x01,0x02,0x7C,0x00, // - V - 35
0x7F,0x02,0x0C,0x02,0x7F,0x00, // - W - 36
0x63,0x14,0x08,0x14,0x63,0x00, // - X - 37
0x60,0x10,0x0F,0x10,0x60,0x00, // - Y - 38
0x43,0x45,0x49,0x51,0x61,0x00, // - Z - 39

0x12,0x15,0x15,0x0E,0x01,0x00, // - a - 40
0x7F,0x0A,0x11,0x11,0x0E,0x00, // - b - 41
0x0E,0x11,0x11,0x11,0x08,0x00, // - c - 42
0x0E,0x11,0x11,0x0A,0x7F,0x00, // - d - 43
0x0E,0x15,0x15,0x15,0x08,0x00, // - e - 44
0x08,0x3F,0x48,0x48,0x20,0x00, // - f - 45
0x0C,0x12,0x12,0x12,0x0F,0x00, // - g - 46
0x7F,0x08,0x10,0x10,0x0F,0x00, // - h - 47
0x00,0x00,0x4F,0x00,0x00,0x00, // - i - 48
0x00,0x00,0x08,0x4F,0x00,0x00, // - j - 49
0x7F,0x04,0x0A,0x11,0x01,0x00, // - k - 50
0x00,0x41,0x7F,0x01,0x00,0x00, // - l - 51
0x0F,0x10,0x0F,0x10,0x0F,0x00, // - m - 52
0x10,0x0F,0x10,0x10,0x0F,0x00, // - n - 53
0x0E,0x11,0x11,0x11,0x0E,0x00, // - o - 54
0x1F,0x12,0x12,0x12,0x0C,0x00, // - p - 55
0x0C,0x12,0x12,0x12,0x1F,0x00, // - q - 56
0x10,0x0F,0x10,0x10,0x08,0x00, // - r - 57
0x09,0x15,0x15,0x15,0x12,0x00, // - s - 58
0x10,0x7E,0x11,0x11,0x12,0x00, // - t - 59
0x1E,0x01,0x01,0x1E,0x01,0x00, // - u - 60
0x1C,0x02,0x01,0x02,0x1C,0x00, // - v - 61
0x1E,0x01,0x1E,0x01,0x1E,0x00, // - w - 62
0x11,0x0A,0x04,0x0A,0x11,0x00, // - x - 63
0x1C,0x02,0x02,0x04,0x1F,0x00, // - y - 64
0x11,0x13,0x15,0x19,0x11,0x00, // - z - 65
};
```

//------------------------------------------
//＊＊ 外部中断 0 处理程序

```c
//--------------------------------------------------
void intersvr0(void) interrupt 0 using 1
{
  TH0 = -137/256; TL0 = -137%256;    //给定时器0一定的偏移量,
                                     //让外部中断与定时中断在时间上错开,
                                     //避免冲突
  i = 24; P1 = 0xff; ET0 = 1;        //显示初始化
  N++;                               //进行转速计数
}


//--------------------------------------------------
// * * 定时中断0处理函数/显示字符 * *
//--------------------------------------------------
void timer0(void) interrupt 1 using 1
{
  TH0 = -(Rt/256); TL0 = -(Rt%256);  //显示"一排"LED的时间
  if(j>0) j--;                       //在字符表中取字
  else {
    j = 5;
    {
      if(i>0) i--;
      else {
        i = 0;
        ET0 = 0;                     //显示完数组内的字符,立即关闭定时中
                                     //断0(关闭显示)
      }
    }
  }
  P1 = ~ASCIIDOC[V[i]*6+j];          //取出的数据到输出口
}


//--------------------------------------------------
// * * 定时中断1处理函数/为转速计数提供时间 * *
//--------------------------------------------------

void timer1(void) interrupt 3 using 1
{
  TH1 = -5000/256;
```

## 第3章 CPU 风扇上 POV

```
    TL1 = -5000 % 256;           //将 5 ms 作为一个时间段
    S++;                         //增加一个 5 ms
    if(S == 2400){               //如到 12 s
      num = N;                   //取出计数值
      BG = 1;                    //将更新显示数组
      S = 0;                     //5 ms 计数器归零
      N = 0;                     //转速计数器归零
    }
}

//----------------------------------------
//** 显示画面之一 **
//----------------------------------------
void Display1(void)
{
    V[0] = 36;                   //W
    V[1] = 44;                   //e
    V[2] = 51;                   //l
    V[3] = 42;                   //c
    V[4] = 54;                   //o
    V[5] = 52;                   //m
    V[6] = 44;                   //e
    V[7] = 10;                   //(空)
    V[8] = 33;                   //T
    V[9] = 54;                   //o
    V[10] = 10;                  //(空)
    V[11] = 21;                  //H
    V[12] = 44;                  //e
    V[13] = 57;                  //r
    V[14] = 44;                  //e
}

//----------------------------------------
//** 显示画面之二 **
//----------------------------------------
void Display2(void)
{
    V[0] = 29;                   //P
```

```c
    V[1] = 51;                          //l
    V[2] = 44;                          //e
    V[3] = 40;                          //a
    V[4] = 58;                          //s
    V[5] = 44;                          //e
    V[6] = 10;                          //(空)
    V[7] = 62;                          //w
    V[8] = 40;                          //a
    V[9] = 48;                          //i
    V[10] = 59;                         //t
    V[11] = 10;                         //(空)
    V[12] = 10;                         //(空)
    V[13] = 10;                         //(空)
    V[14] = 10;                         //(空)
}

//--------------------------------------------------
// * *   显示画面之三   * *
//--------------------------------------------------
void Display3(void)
{
    unsigned char cc;
unsigned int aa,bb;
cc = 0;
    V[0] = 31;                          //R
    V[1] = 29;                          //P
    V[2] = 26;                          //M
    V[3] = 13;                          //:
    V[4] = 10;                          //(空)
    num = num * 5;                      //因是按12 s为计数单位得到的数值,按
                                        //分钟计数时还需乘5
    do {
      bb = num/10;
      aa = num - bb * 10;
       V[8 - cc] = aa;                  //从低位到高位分别取得数字,放入缓冲区
      num = bb;cc + + ;
    }while(num>0);
    V[9] = 10;                          //(空)
```

```c
    V[10] = 10;                         //(空)
    V[11] = 10;                         //(空)
    V[12] = 10;                         //(空)
    V[13] = 10;                         //(空)
    V[14] = 10;                         //(空)
}


//------------------------------------------------
// * * 主程序 * *
//------------------------------------------------
void main(void)
{
    unsigned char k;                    //循环变量

    TMOD = 0x10;                        //使用定时器的方式

    TH0 = 0; TL0 = 0;                   //初始化定时中断 0
    TR0 = 1; ET0 = 1;

    TH1 = 0; TL1 = 0;                   //初始化定时中断 1
    TR1 = 1; ET1 = 1;

    IT0 = 1; EX0 = 1;                   //初始化外部中断 0

    EA = 1;                             //打开中断功能

    Rt = 1100;                          //设置 LED 显示 1 列的时间

    BZ = 0;                             //显示状态标志置 0

    for(k = 0;k<25;k + + ) V[k] = 10;   //初始化显示数组

    while(1)                            //进入主程序循环
    {
        if(BZ = = 0){
            Display1();                 //显示开机画面"Welcome To Here"
            if(S>1200) BZ = 1;          //显示 6 s 后进入下一步显示
        }
```

```
    if(BZ = = 1){
      Display2();              //显示字符"Please wait"
      if(S>2200) BZ = 2;       //开机 11 s 后,进入转速显示
    }

    if((BG = = 1)&&(BZ = = 2)){
      Display3();              //显示转速
      BG = 0;                  //等待下一个更新信号
    }
  }
}
```

## 3.5 调试和使用

### 3.5.1 系统调试

#### 1. 动平衡调试

要使整个系统平稳旋转运行,需要进行动平衡调试。

在系统显示板上较轻的一端加焊一长铜丝,在铜丝上焊上一个或多个锡珠,可根据锡珠的大小或位置调试平衡,如图 3-27 所示。

图 3-27 加锡珠法进行动平衡调试

#### 2. 感应供电调试

先检测 NE555 是否产生 12 kHz 左右的方波,测试送电线圈的电感量是否

在 300 μH 左右。

最好用电感串接一只 LED 作为电磁感应的探测器协助调试。

### 3. 显示调试

根据风扇的转速,调整显示一列的时间值(程序中的 Rt)。

### 3.5.2 完成效果图

图 3-28 所示为运行中的 CPU 风扇显示的 3 个不同的显示画面。

图 3-28 运行效果图

## 3.6 后 记

由于采用无接触感应式供电,加之风扇电动机本身为无刷电动机,尽管转速很高,调好动平衡后运行噪声很小,显示非常稳定。

因电路中有高压,在调试及使用时需特别注意。

本制作还可以从以下几方面改进:

(1) 用摇控实时修改显示内容。

(2) 显示散热片温度。

(3) 显示时间。

(4) 采用 RGB 三色 LED,让显示更加炫丽。

# 第 4 章

# mini POV 双功能显示时钟

## 4.1 引 言

本章介绍的这款 POV 时钟非常小巧，可以根据自己的喜好把它当成钥匙挂或项链挂，甚至改成一只很有个性的手表。麻雀虽小，五脏俱全，作为时钟，它有两种显示时钟的方式：处于静态时，用二进制表示时间；处于动态时，用 POV 显示方式表示时间。

本制作值得一提的是对按键的处理，只用两只按键就完成了状态的转换和时间调整等功能。

本章的 POV 项目如表 4-1 所列。

表 4-1 POV 制作项目之三：mini POV 双功能显示时钟

| POV 项目 | mini POV 双功能显示时钟 |
| --- | --- |
| 发光体 | 7 只单色 LED |
| 运动方式 | 往复运动 |
| 供电方式 | 锂电池 |
| 传感器 | 无 |
| 主控芯片 | AT89C2051 |
| 调控方式 | 按键 |
| 功能 | 用二进制方式和 POV 两种方式显示时钟，显示字符 |

(1) 单片机：这里选用 AT89C2051 除体积小外的原因外，主要还是由于它能工作在较宽的电压范围，可用锂电直接供电。

(2) LED：选用的是 2×3 mm 的白色高亮度 LED，能方便安装在万用板上，除作时钟外，还多一个照明功能。

## 第4章　mini POV 双功能显示时钟

(3) 按键：由于安装元件的空间有限，采用单键复用方法和复合键方法，在有限的按键上，完成开关显示、显示模式选择、时钟调整等功能。

(4) 时钟芯片：时钟芯片采用 DS1302，这样，占用端口少，失电仍能保证走时。

(5) 供电方式：采用用于 MP3 或蓝牙耳机的小体积锂电池，这种电池大多带有保护板，对锂电池充电则可用输出 4.2 V 的手机电池充电器改制。

(6) 功能：

① 二进制时钟，用 7 只 LED 显示时和分，前 3 只显示十位，后 4 只显示个位。

② POV 显示时钟。

③ POV 字符显示器，可显示 12 个 ASC 字符。

④ 照明用手电，当设置所有 LED 常亮时，可作照明用手电。

## 4.2　系统构成

### 4.2.1　系统的工作状态图

**1. 工作状态**

我们让 mini POV 时钟处于 3 种工作状态：

(1) 正常显示状态，可按需要选择 3 种显示模式。

(2) 为节约用电，可关闭 LED 发光显示状态。

(3) 让所有 LED 处于长时间发光状态，可作为夜间照明用。

当 AB 两键同时按下时，可循环改变这 3 种工作状态，如图 4-1 所示。

**2. 调整状态**

当工作在显示状态时，可以通过"双击"A 键进入调整状态，并通过"双击"A 键退出调整状态。其状态转移图如图 4-2 所示。

**3. 显示模式**

显示工作的状态分为 3 种显示模式：

(1) 二进制显示时钟，用 7 只 LED 的前 3 只表示时或分的 10 位数字，用后 4 只 LED 表示时或分的个位。并用一只双色 LED 指示"时"和"分"的状态。

(2) POV 显示时钟，当用手来回摇动时，7 只 LED 显示出时钟的"时"和"分"的数字。

## 第 4 章　mini POV 双功能显示时钟

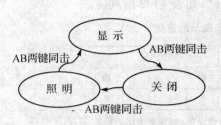

图 4-1　工作状态转移图

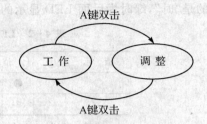

图 4-2　调整状态转移图

(3) POV 显示屏,能显示预先设置的 12 个 ASC 码字符。

显示模式的转换是通过"长击"A 键进行转换。其状态转移图如图 4-3 所示。

### 4. 调整项状态

调整项分为 3 项:

(1) 调整时钟的时值,显示用二进制方式。

(2) 调整时钟的分值,显示用二进制方式。

(3) 调整 POV 显示一列时间长,共有 7 个级别,其显示看一排白色 LED 的发光位置。

改变调整项通过"短击"A 键进行转换,并用闪动的指示用双色 LED 显示不同的状态。其状态转移图如图 4-4 所示。

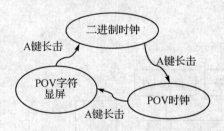

图 4-3　显示模式状态转移图

图 4-4　调整状态时调整项状态转移图

### 5. 改变调整值

在设置状态时,B 键为调整值的"+"键。

(1) 时钟的二进制表示方法:其实就是用 7 位 LED 表示 2 位的 BCD 码。将 7 只白色的 LED 的前 3 位表示时钟的"时"和"分"的十位,后 4 位表示时钟的"时"和"分"的个位。按先显示"时"后显"分"的方式轮流显示。为了方便识别"时"与"分",前面用一双色 LED 表示显示的状态,红时为后面的 7 只 LED 显

## 第4章 mini POV 双功能显示时钟

示的是"时",绿时为后面LED显示的是"分",如表4-2所列。

表4-2 LED显示表示的意义

| 指示 | 十位 | | | 个位 | | | |
|:---:|:---:|:---:|:---:|:---:|:---:|:---:|:---:|
| ◎ | ○ | ● | ○ | ● | ○ | ○ | ● |
| * | 4 | 2 | 1 | 8 | 4 | 2 | 1 |

\* 当显示"时"时为红色,"分"时为绿色(如表中表示的值为56)

另外,在显示"时"和"分"之后,有一段时间的停顿,不作任何显示,进一步分清"时"与"分"。

其状态转移图如图4-5所示。

(2) 指示用LED:在7只白色LED前,加装1只双色LED,在显示中起状态指示功能。在二进制时钟模式中,当显示"时"时,发红色光;当显示"分"时,发绿色光。在进入调整方式时,这个双色LED则用"闪现"方式出现。

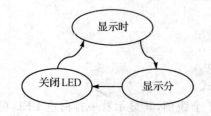

图4-5 二进制时钟显示状态转移图

### 4.2.2 系统框图

**1. 系统框图**

mini POV 时钟的系统框图如图4-6所示。

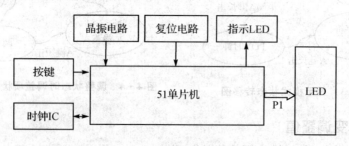

图4-6 系统框图

**2. 单片机端口分配**

由于AT89C2051单片机端口有限,制作前需考虑如何合理分配端口,经综合考虑,对端口的分配如表4-3所列。

表 4-3 单片机端口分配表

| 引脚编号 | 功能 | 使用情况 | 说 明 |
|---|---|---|---|
| 1 | RST/VPP | 复位 | |
| 2 | (RXD) P3.0 | 按键 A | 可复用接 RS-232 串口 |
| 3 | (TXD) P3.1 | 按键 B | 可复用接 RS-232 串口 |
| 4 | XTAL2 | 晶振 | |
| 5 | XTAL1 | 晶振 | |
| 6 | (INT0) P3.2 | | 此引脚暂时空,以后可接位置传感器 |
| 7 | (INT1) P3.3 | 双色 LED(绿) | |
| 8 | (T0) P3.4 | DS1302(CLK) | |
| 9 | (T1) P3.5 | DS1302(IO) | |
| 10 | GND | 电源地 | |
| 11 | P3.7 | DS1302(RST) | |
| 12 | (AIN0) P1.0 | | |
| 13 | (AIN0) P1.1 | | |
| 14 | P1.2 | | 引脚的排列位置使 LED 自然排成一排,这点在电路板面积有限的情况下很有必要 |
| 15 | P1.3 | 7 只白色 LED | |
| 16 | P1.4 | | |
| 17 | P1.5 | | |
| 18 | P1.6 | | |
| 19 | P1.7 | 双色 LED(红) | |
| 20 | VCC | 电源正 | |

## 4.2.3 系统硬件结构草图

系统的硬件结构草图如图 4-7 所示。用 4 只螺柱将主电路板与底板紧固在一起,一方面保护了电路板上的布线,同时在两板之间的空间里正好可安放锂电池。

将按键安装在电路板的侧面,方便操作。

## 第4章 mini POV 双功能显示时钟

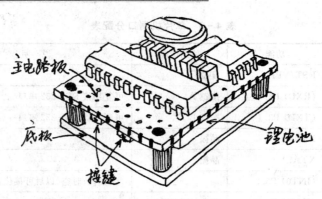

图 4-7 硬件结构草图

## 4.3 硬件制作

### 4.3.1 电路原理图

电原理图如图 4-8 所示。单片机随时读取时钟芯片 DS1302 的时间信息,

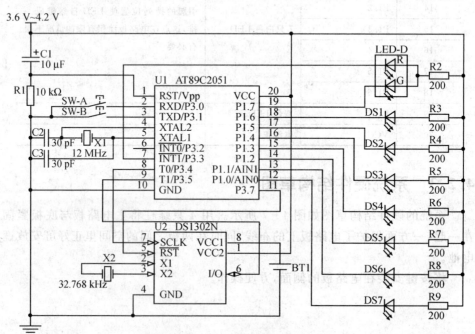

图 4-8 mini POV 电路原理图

并通过 P1 口显示出来。由于受限于单片机的端口少,只用了两按键控制整个系统的工作状态。

## 4.3.2 元件清单及主要元件说明

mini POV 时钟电路元件清单如表 4-4 所列。

表 4-4 mini POV 时钟电路元件清单

| 元器件 | 规格或型号 | 图中编号 | 数量 | 说明 |
|---|---|---|---|---|
| 单片机 | AT89C2051 | U1 | 1 | 双列直插封装 |
| 时钟 IC | DS1302 | U2 | 1 | 双列直插封装 |
| LED | 2 mm×3 mm | DS1~DS7 | 7 | 白色高亮度 |
| 双色 LED | φ3 mm | LED-D | 1 | 红绿双色共阳 |
| 电解电容 | 10 μF | C1 | 1 | 贴片封装 |
| 电容 | 30 pF | C2,C3 | 2 | 贴片封装 |
| 电阻 | 10 kΩ | R1 | 1 | 贴片封装 |
| | 330 Ω | R2 | 1 | 贴片封装 |
| | 200 Ω | R3~R9 | 7 | 贴片封装 |
| 晶振 | 12 MHz | X1 | 1 | 贴片封装 |
| | 32.768 kHz | X2 | 1 | 圆柱形封装 |
| 按键开关 | | SW-A,SW-B | 2 | 微型贴片式封装 |
| 其他 | 锂电池、排插等 | | | |

### 1. 时钟 IC DS1302

DS1302 是美国 DALLAS 公司推出的一种高性能、低功耗、带 RAM 的实时时钟电路,它可以对年、月、日、周日、时、分、秒进行计时,具有闰年补偿功能,工作电压为 2.5~5.5V。采用三线接口与 CPU 进行同步通信,并可采用突发方式一次传送多个字节的时钟信号或 RAM 数据。DS1302 内部有一个 31×8 的用于临时性存放数据的 RAM 寄存器。

DS1302 的引脚排列如图 4-9 所示。

$V_{CC1}$ 为后备电源,$V_{CC2}$ 为主电源。在主电源关闭的情况下,也能保持时钟的连

图 4-9 DS1302 引脚图

续运行。DS1302 由 $V_{CC1}$ 或 $V_{CC2}$ 两者中的较大者供电。当 $V_{CC2}$ 大于 $V_{CC1}$ + 0.2 V 时,$V_{CC2}$ 给 DS1302 供电。当 $V_{CC2}$ 小于 $V_{CC1}$ 时,DS1302 由 $V_{CC1}$ 供电。

X1 和 X2 是振荡源,外接 32.768 kHz 晶振。

由 SCLK、I/O 和 RST 组成的三线接口与 CPU 进行同步通信,具体技术细节可参考原厂的 DPF 文件。

DS1302 内部结构图如图 4-10 所示。

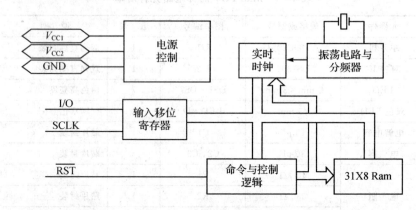

图 4-10 DS1302 内部结构图

### 2. 双色 LED

指示用的 LED 采用直径为 3 mm 的红绿双色 LED,实物图如图 4-11 所示。

一般双色 LED 为 3 只引脚,其中有一公共端,按其设计需要,可分为共阴和共阳两种,如图 4-12 所示,选用时需注意。

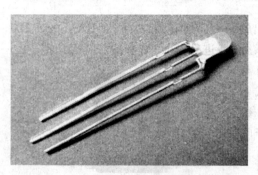

图 4-11 双色 LED 实物图

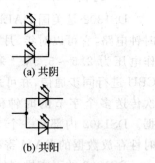

图 4-12 双色 LED 的两种结构形式

因将红绿两色的 LED 封装在一起的,当只有其中的一只 LED 发光时,LED 显示的是红色或绿色,而根据三基色的加法原则,两只同时发光将产生黄色光。也就是说,双色 LED 能产生 3 种颜色。

### 3. 锂电池

本制作的关键之一,是找到体积合适的锂电池给系统供电,可选用用在 MP3 或蓝牙耳机上的锂电池,最好是要带有保护板的,如图 4-13 所示。

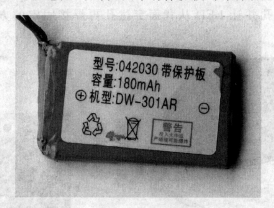

图 4-13 选用的锂电池

### 4.3.3 制作概要

#### 1. 充电插座

为尽量避免占用有限空间,充电用的插座用高密排插座改制,如图 4-14、图 4-15 所示。

图 4-14 选用的排插座　　　图 4-15 安装在电路板上的排插座

这里采用的是 5 脚插座,其中的一脚空,插入一段细金属丝,作为定位用,而除电源用的两脚外,余下的两脚作为将来功能升级串口与计算机通信用。

为与此排插座配合,可用手机电池充电器改制与排插座配合的电池充电器如图 4-16 所示。

### 2. 双色 LED 的安装

如用常规方法安装双色 LED 的话,这只 LED 会比其他的元件高出许多,因此,采用在板上打孔并让 LED 从背面穿过孔再焊接固定的方法,如图 4-17 所示。

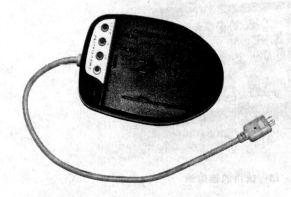

图 4-16 与排插座配合的充电器

图 4-17 双色 LED 的安装方法

### 3. 按键的焊接安装

选用的按键是被常用在 MP3 之类数码设备上的按键,如图 4-18 所示,可直接焊接在万用板背面的焊盘上,如图 4-19 所示。

图 4-18 选用的按键

图 4-19 焊接按键的方法

### 4. 元件的布局安排

由于作品体积很小,合理安排元件的布局是制作好本作品的关键环节之一,原则是能采用贴片封装的元件尽量采用贴片封装,图 4-20 所示为将贴片封装的元件安装在反面的布线面。

图 4-20　电路板背面的贴片封装元件

## 4.3.4　完成图

图 4-21 和图 4-22 为 mini POV 时钟完成后的正面图和侧面图。

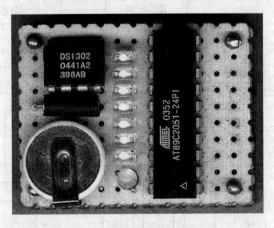

图 4-21　mini POV 时钟完成图之一(正面)

### 第4章 mini POV 双功能显示时钟

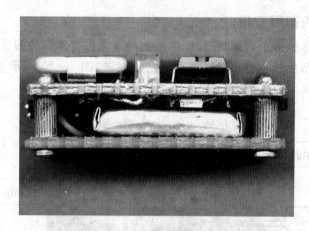

图 4-22 mini POV 时钟完成图之二（侧面）

## 4.4 软件设计

主程序框图如图4-23所示。图中虚线箭头指向的定时中断T0的服务程序，因没有实际上的逻辑关系，表示的只是通过整体变量传输的信息流向。

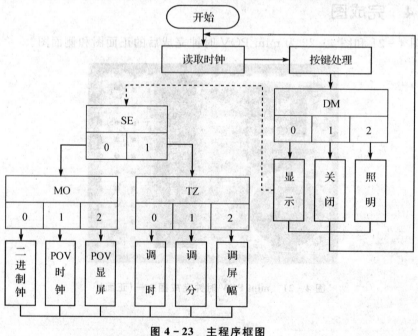

图 4-23 主程序框图

## 第4章 mini POV 双功能显示时钟

为了让程序显得简洁、清晰，便于调试，将程序分成3部分，并由3个文件构成，如表4-5所列。

表4-5 Mini POV 时钟程序文件构成

| 文件 | 说明 |
| --- | --- |
| ASCII.h | ASCII 码字符字模 |
| DS1302.h | 时钟芯片驱动程序 |
| Mini_CLOCK.C | 主程序文件 |

ASCII.h 与 DS1302.h 作为头文件，将嵌入在主程序中。

严格来说，尽管这种处理方式并不规范，但比一个大文件方式还是有了很大的进步，并且这样的方式很容易让初学者理解和接受。

### 4.4.1 编程中的问题及解决方案

**1. 字 模**

用字模软件取字模，选用的是 5×8 的 ASCII 字符。考虑显示字母间要留一列空，因此字模实际已改成 6×8 的格式，并将字模的定义部分独立成一个头文件：ASCII.h，由主程序调用，嵌入到主程序中。

**2. DS1302**

对于时钟芯片 DS1302，很容易找到现成的驱动程序，这样，业余爱好者就可以暂时不去考虑它的工作原理等技术细节，只需要知道在 C 语言下是如何读写时钟芯片就可以了。当然，还需要注意引脚的定义要与实际电路接线相符。

一般 DS1302 的驱动由一组函数组成，如表4-6所列。

表4-6 DS1302 驱动程序一览表

| 函 数 | 功 能 |
| --- | --- |
| void RTInputByte(unsigned char ucDa) | 往 DS1302 写入1字节数据 |
| unsigned char uc_RTOutputByte(void) | 从 DS1302 读取1字节数据 |
| void W1302(unsigned char ucAddr, unsigned char ucDa) | 往 DS1302 指定的地址写入数据 |
| unsigned char uc_R1302(unsigned char ucAddr) | 从 DS1302 指定的地址读出数据 |
| void Get1302(void) | 读出 DS1302 |
| void Set1302(void) | 设置 DS1302 |

可以看出,这一组中的6个函数实际上是3个层面上由低级向高级发展的方式对芯片的操作过程,实际应用中基本上只与高层的2个函数打交道。

在读写DS1302时,都用上了全局变量数组Time[],也就是说:读的时候,将从芯片中读出的时间数据放在Time[]中,设置时钟时,则将数组中Time[]的时间值写中DS1302中。

将DS1302的驱动程序归入一个头文件中:DS1302.h,由主程序文件调用时嵌入主程序中执行。

### 3. BCD 码

在DS1302中的数据记录方式与一般的十进制或十六进制不同,是较特殊的BCD码,即(Binary—Coded Decimal)。它是采用4位二进制数来表示1位十进制数。BCD码与十进制数字的对应关系如表4-7所列。

表4-7 BCD码与十进制数对照表

| BCD 码 | 十进制 | BCD 码 | 十进制 |
| --- | --- | --- | --- |
| 0000 | 0 | 0101 | 5 |
| 0001 | 1 | 0110 | 6 |
| 0010 | 2 | 0111 | 7 |
| 0011 | 3 | 1000 | 8 |
| 0100 | 4 | 1001 | 9 |

在显示时间或调整时间使用的是十进制数,这就需要在两种制式的数字之间进行转换。为提高转换速度,在程序中定义了宏,并在Get1302(void)和Set1302(void)函数中调用这个宏定义。

```
#define NUM2BCD(x) ((((x)/10) << 4)|((x)%10))
#define BCD2NUM(x) (((x) >> 4) * 10 + ((x)&0x0f))
```

### 4. 按键处理

如表4-8所列,在只有两只按键的条件下,采用单键复用和组合键处理方法,完成各功能的转换。

表4-8 按键方式所对应完成的功能

| 按键方式 | 功能 |
| --- | --- |
| A键与B键同击 | 转换工作状态 |
| A键长击 | 转换显示模式 |
| A键双击 | 进入或退出设置状态 |
| A键短击 | 转换设置项 |
| B键短击 | 改变设置值 |

## 第4章 mini POV 双功能显示时钟

"A 键与 B 键同击"的程序并不复杂,由下列程序完成:

```c
if((Key_B==0)&&(Key_A==0)){            //AB 键同时按下
  DelayMs(30);                          //延时消抖
  if((Key_B==0)&&( Key_A==0){          //AB 键仍是同时按下状态
    do{}while(Key_A==0);                //等待 A 键释放
    do{}while(Key_B==0);                //等待 B 键释放
    if(DM==2) DM=0; else DM++;          //改变工作方式
  };
  DelayMs(300);
};
```

A 键的复用功能的处理相对来说要复杂些,其程序框图如图 4-24 所示。
A 键复用处理子程序如下:

```c
/* 单键复用处理函数 */
unsigned char GeKey(void)
{
  unsigned char nn,mm;
  nn=0;mm=0;                            //计数器清零
  DelayMs(30);                          //延时消抖
  if(Key_A==0){                         //如按键 A 仍是按下状态,按下事件有效
    do {                                //"按下"计数器开始计数
      nn++;
      DelayMs(10);
    }while(Key_A==0);                   //直到 A 键释放
    if(nn<50){                          //"按下"计数值小于"短击"设定值
      DelayMs(30);                      //延时消抖
      do {                              //"释放"计数器开始计数
        mm++;
        DelayMs(10);
      }while((mm<40)&&(Key_A==1));      //"释放"计数值超出"双击"的间隔设置值
                                        //或 A 键再次按下结束计数
      if(mm<40){
        DelayMs(25);                    //延时消抖
        do {}while(Key_A==0);           //等到 A 键释放
        return(1);                      //"双击"
      }
      else{
        return(2);                      //"单击"
```

# 第 4 章 mini POV 双功能显示时钟

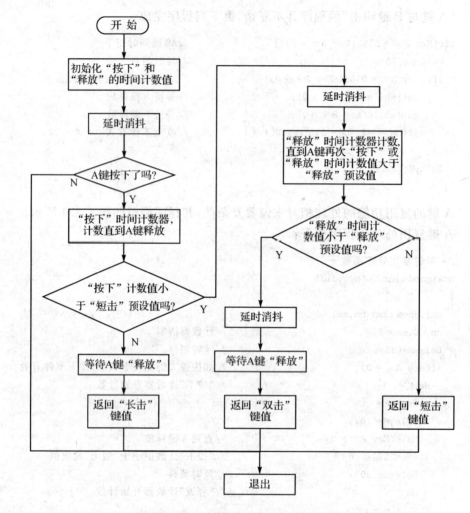

图 4-24 A 键复用处理子程序框图

```
        }
    }
    else{
        do {}while(Key_A = = 0);      //等到 A 键释放
        return(3);                    //"长击"
    }
    DelayMs(60);
}
```

注意程序中的 do {}while(Key_A==0);(等到 A 键释放)一句不能少,不然,程序退出后可能由于 A 键"按下"仍然存在,会再次进入这个子程序产生误判。

### 5. 秒闪

进入调整状态时,相应的指示双色 LED 处于"闪亮"状态。程序通过定义一个整体变量 ms,在定时中断 T0 服务程序中每隔一段时间对 ms 进行取反运算:

if(Num % 1000 == 0) ms = ! ms;                //产生"秒闪"

在调整状态下,对不同的调整项,让驱动双色 LED 的对应端口的取值为 ms 即可。

## 4.4.2 完整源程序

程序 4-1

```
//--------------------------------------------------
//   程序名:MINI 双模式 POV LED 时钟
//   编  程:周正华
//   说  明:单片机 89S2051,晶振 12 MHz
//--------------------------------------------------
#include <reg52.h>
#include "DS1302.h"
#include "ASCII.h"

/*硬件端口定义*/
#define PUT_LED P1    //LED 驱动口

sbit LED_R = P1^7;    //红指示 LED
sbit LED_G = P3^3;    //绿指示 LED

sbit Key_A = P3^0;    //设置按键 A
sbit Key_B = P3^1;    //设置按键 B

/*显示变量数组*/
unsigned char v[6];   //POV 显示时钟缓冲区
unsigned char w[12];  //POV 显示字符缓冲区

/*整体变量*/
```

# 第4章 mini POV 双功能显示时钟

```c
unsigned char DM;        //显示方式 0：显示        1：关闭        2：照明
unsigned char MO;        //显示模式 0：二进制时钟   1：POV显示时钟  2：POV显示字符
unsigned char SE;        //设置模式 0：工作状态     1：设置状态
unsigned char TZ;        //调整项 0：调时          1：调分         2：调整显示一列时间

/*调整相关变量数组*/
unsigned char maxnum[] = {23,59,7};      //调整最大限制值
unsigned char tzm[] = {0,0,5};           //调整值

/*延时函数*/
void DelayMs(unsigned int msec)
{
  unsigned int x,y;
  for(x=0; x<=msec;x++)
  {
    for(y=0;y<=110;y++);
  }
}

/*键盘去抖处理函数*/
unsigned char ChKey(bit Key)
{
  if(Key==0) {                           //检测有"按下"事件产生
    DelayMs(60);                         //延时消抖
    if(Key==0) return(1);                //"按下"事件仍然保持,返回按键有效
  }
}

/*单键复用处理函数*/
unsigned char GeKey(void)
{
  unsigned char nn,mm;
  nn=0;mm=0;                             //计数器清零
  DelayMs(30);                           //延时消抖
  if(Key_A==0){                          //如按键A仍是按下状态,按下事件有效
    do {                                 //"按下"计数器开始计数
      nn++;
      DelayMs(10);
```

## 第 4 章　mini POV 双功能显示时钟

```
    }while(Key_A = = 0);              //直到 A 键释放
    if(nn<50){                        //"按下"计数值小于"短击"设定值
      DelayMs(30);                    //延时消抖
      do {                            //"释放"计数器开始计数
        mm + +;
        DelayMs(10);
      }while((mm<40)&&(Key_A = = 1)); //"释放"计数值超出"双击"的间隔
                                      //设置值
                                      //或 A 键再次按下结束计数

      if(mm<40){
        DelayMs(25);                  //延时消抖
        do {}while(Key_A = = 0);      //等到 A 键释放
        return(1);                    //"双击"
      }
      else{
        return(2);                    //"单击"
      }
    }
    else{
      do {}while(Key_A = = 0);        //等到 A 键释放
      return(3);                      //"长击"
    }
    DelayMs(60);
  }
}


/*定时器中断 T0 处理(时钟)函数*/
void timer0(void) interrupt 1 using 1
{
  unsigned int Tr;                    //POV 显示状态时,显示一列的时间
  unsigned int Num;                   //时间计数器
  unsigned char ms;                   //调整时产生"秒闪"显示
  unsigned char ii,jj;                //POV 显示用的循环变量

  if(Num = = 5999) Num = 0;else Num + +;  //时间计数器计数
  Tr = 600 + tzm[2] * 60 * (MO>0);    //调整显示一列时间
  TH0 = - Tr/256; TL0 = - Tr % 256;   //设置定时中断时长
```

```c
    if(Num % 1000 = = 0) ms = ! ms;                  //产生"秒闪"
//**  工作状态  **//
    if(SE = = 0)
    {

        //**  二进制时钟显示方式  **//
        if(MO = = 0){
            if(Num = = 0) {
                PUT_LED = 0xff;                      //关闭 LED
                LED_R = 1; LED_G = 1;                //关闭指示用 LED
            }
            if(Num = = 1999) {
                PUT_LED = ~((Time[2] % 10)|((Time[2]/10)<<4));   //二进制显示时
                LED_R = 0; LED_G = 1;                //指示用 LED 显示红状态
            }
            if(Num = = 3999) {
                PUT_LED = ~((Time[1] % 10)|((Time[1]/10)<<4));   //二进制显示分
                LED_R = 1; LED_G = 0;                //指示用 LED 显示绿状态
            }
        };

        //**  POV 时钟显示方式  **//
        if(MO = = 1)
        {
            LED_R = 1; LED_G = 1;                    //关闭指示 LED
            PUT_LED = ~ASCIIDOC[v[ii] * 6 + jj];     //POV 显示
            jj + + ;if(jj>5) {ii + + ;jj = 0;};
            if(ii>6) {ii = 0; jj = 0;};
        };

        //**  POV 字符显示方式  **//
        if(MO = = 2)
        {
            LED_R = 0; LED_G = 0;                    //指示 LED 显示黄色
            PUT_LED = ~ASCIIDOC[w[ii] * 6 + jj];     //POV 显示
            jj + + ;if(jj>5) {ii + + ;jj = 0;};
            if(ii>11) {ii = 0;jj = 0;};
        };
```

```c
    }
    else
//** 设置状态 **//
    {
      //** 二进制显示时 **//
      if(TZ = = 0) {
        PUT_LED = ~((Time[2]%10)|((Time[2]/10)<<4));
        LED_R = ms;                    //指示LED闪现红色
        LED_G = 1;
      };
      //** 二进显示分 **//
      if(TZ = = 1) {
        PUT_LED = ~((Time[1]%10)|((Time[1]/10)<<4));
        LED_R = 1;
        LED_G = ms;                    //指示LED闪现绿色
      };
      //** 显示POV一列时间长短程度 **//
      if(TZ = = 2) {
        PUT_LED = ~(0x01<<tzm[2]);
        LED_R = ms;                    //指示LED闪现黄色
        LED_G = ms;
      };
    }
}


/***********************
/*主程序*/
/***********************

void main(void)
{

  TMOD = 0x11;

  /*初始化定时中断0*/
  TH0 = 0; TL0 = 0;
  TR0 = 1; ET0 = 1;
```

## 第 4 章　mini POV 双功能显示时钟

```c
    EA = 1;                        //开中断


    /*显示的字符*/
    w[0] = 10;         //- -
    w[1] = 22;         //- I -
    w[2] = 10;         //- -
    w[3] = 25;         //- L -
    w[4] = 54;         //- o -
    w[5] = 61;         //- v -
    w[6] = 44;         //- e -
    w[7] = 10;         //- -
    w[8] = 38;         //- Y -
    w[9] = 54;         //- o -
    w[10] = 60;        //- u -
    w[11] = 10;        //- -

    /*进入主循环*/
    for(;;){

        Get1302();                 //读时钟芯片

        /*将时钟值写入显示数组*/
        v[0] = 10;
        v[1] = Time[2]/10;
        v[2] = Time[2]%10;
        v[3] = 13;
        v[4] = Time[1]/10;
        v[5] = Time[1]%10;

        /*键盘处理*/
        if((Key_A = = 0)&&(Key_B = = 1)){   //仅当按键A按下
            switch(GeKey()){
                case 1:                    //"双击"A键
                    SE = ! SE;             //改变设置状态
                    TZ = 0;
                    MO = 0;
                    break;
```

```c
      case 2:                                      //"单击"A键
         if(SE = = 1){
            if(TZ = = 2) TZ = 0; else TZ + + ;     //改变调整状态
         };
         break;
      case 3:                                      //"长击"A键
         if(TZ = = 0){
            if(MO = = 2) MO = 0; else MO + + ;     //改变显示模式
         };
         break;
   }
   if((Key_B = = 0)&&(Key_A = = 0)){               //AB键同时按下
      DelayMs(30);                                 //延时消抖
      if((Key_B = = 0)&&( Key_A = = 0){            //AB键仍是同时按下状态
         do{}while(Key_A = = 0);                   //等待A键释放
         do{}while(Key_B = = 0);                   //等待B键释放
         if(DM = = 2) DM = 0; else DM + + ;        //改变显示方式
      };
      DelayMs(300);
   };
   //＊＊ 设置状态下改变调整项＊＊
   if(SE = = 1){
      if(ChKey(Key_B) = = 1){
         tzm[1] = Time[1];tzm[0] = Time[2];        //取时及分
         if(tzm[TZ] = = maxnum[TZ]) tzm[TZ] = 0; else tzm[TZ] + + ;  //改变调整项
         Time[1] = tzm[1];Time[2] = tzm[0];        //改变时及分
         Set1302();                                //写入DS1302
         DelayMs(300);
      };
   }


   /＊工作状态＊/
   if(DM = = 0){EA = 1;};
   if(DM = = 1){EA = 0; PUT_LED = 0xff;};
   if(DM = = 2){EA = 0; PUT_LED = 0x00;};

}
}
```

## 第4章 mini POV 双功能显示时钟

**程序 4-2**

```
/****************************************
* 文件名：DS1302。h
* 说明：DS1302 驱动程序
****************************************/


/*数制转换*/
#define NUM2BCD(x) ((((x)/10)<<4)|(x%10))
#define BCD2NUM(x) (((x)>>4)*10+((x)&0x0f))

/*引脚定义*/
sbit T_CLK = P3^4;              /*实时时钟时钟线引脚*/
sbit T_IO  = P3^5;              /*实时时钟数据线引脚*/
sbit T_RST = P3^7;              /*实时时钟复位线引脚*/

sbit ACC0 = ACC^0;
sbit ACC7 = ACC^7;

/*时间变量数组*/
unsigned char Time[] = {0x00,0x00,0x00,0x00,0x01,0x08,0x02};//Second,Minute,
Hour,Day,Month,Year,Week


/****************************************
*
* 名称：RTInputByte
* 说明：
* 功能：往 DS1302 写入 1Byte 数据
* 调用：
* 输入：ucDa 写入的数据
* 返回值：无
****************************************/
void  RTInputByte(unsigned char ucDa)
{
   unsigned char i;
   ACC = ucDa;
   for(i = 8; i>0; i - -){
      T_IO = ACC0;              /*相当于汇编中的 RRC*/
```

```c
        T_CLK = 1;
        T_CLK = 0;
        ACC = ACC >> 1;
    }
}

/************************************************
*
* 名称：RTOutputByte
* 说明：
* 功能：从 DS1302 读取 1Byte 数据
* 调用：
* 输入：
* 返回值：ACC
************************************************/
unsigned char uc_RTOutputByte(void)
{
    unsigned char i;
    for(i = 8; i > 0; i--){
        ACC = ACC >> 1;           /* 相当于汇编中的 RRC */
        ACC7 = T_IO;
        T_CLK = 1;
        T_CLK = 0;
    }
    return(ACC);
}


/************************************************
*
* 名称：W1302
* 说明：先写地址，后写命令/数据
* 功能：往 DS1302 写入数据
* 调用：RTInputByte()
* 输入：ucAddr：DS1302 地址，ucDa：要写的数据
* 返回值：无
************************************************/
void W1302(unsigned char ucAddr, unsigned char ucDa)
{
```

## 第4章 mini POV 双功能显示时钟

```
    T_RST = 0;
    T_CLK = 0;
    T_RST = 1;
    RTInputByte(ucAddr);     /* 地址,命令 */
    RTInputByte(ucDa);       /* 写 1Byte 数据 */
    T_CLK = 1;
    T_RST = 0;
}

/**************************************************
*
* 名称：uc_R1302
* 说明：先写地址,后读命令/数据
* 功能：读取 DS1302 某地址的数据
* 调用：RTInputByte(), uc_RTOutputByte()
* 输入：ucAddr：DS1302 地址
* 返回值：ucDa：读取的数据
**************************************************/
unsigned char uc_R1302(unsigned char ucAddr)
{
    unsigned char ucDa;
    T_RST = 0;
    T_CLK = 0;
    T_RST = 1;
    RTInputByte(ucAddr);             /* 地址,命令 */
    ucDa = uc_RTOutputByte();        /* 读 1Byte 数据 */
    T_CLK = 1;
    T_RST = 0;
    return(ucDa);
}




void Set1302(void)
{
    W1302(0x8e,0x00);                /* 控制命令,WP = 0,写操作? */
    W1302(0x8c,NUM2BCD(Time[5]));
    W1302(0x8a,NUM2BCD(Time[6]));
```

## 第4章 mini POV 双功能显示时钟

```c
    W1302(0x88,NUM2BCD(Time[4]));
    W1302(0x86,NUM2BCD(Time[3]));
    W1302(0x84,NUM2BCD(Time[2]));
    W1302(0x82,NUM2BCD(Time[1]));
    W1302(0x80,NUM2BCD(Time[0]));
    W1302(0x8e,0x80);              /*控制命令,WP=1,写保护？*/
}


void   Get1302(void)
{
    Time[5] = BCD2NUM(uc_R1302(0x8d));
    Time[6] = BCD2NUM(uc_R1302(0x8b));
    Time[4] = BCD2NUM(uc_R1302(0x89));
    Time[3] = BCD2NUM(uc_R1302(0x87));
    Time[2] = BCD2NUM(uc_R1302(0x85));
    Time[1] = BCD2NUM(uc_R1302(0x83));
    Time[0] = BCD2NUM(uc_R1302(0x81));
}
```

### 程序 4-3

```c
/***********************************************
 * 文件名：ASCII。h
 * 说明：ASCII 字模
 ***********************************************/

/*字符字模*/
unsigned char code ASCIIDOC[] =     //ASCII
{
    0x3E,0x45,0x49,0x51,0x3E,0x00, //-0-
    0x00,0x21,0x7F,0x01,0x00,0x00, //-1-
    0x23,0x45,0x49,0x49,0x31,0x00, //-2-
    0x42,0x41,0x49,0x59,0x66,0x00, //-3-
    0x0C,0x14,0x24,0x7F,0x04,0x00, //-4-
    0x72,0x51,0x51,0x51,0x4E,0x00, //-5-
    0x1E,0x29,0x49,0x49,0x46,0x00, //-6-
    0x40,0x47,0x48,0x50,0x60,0x00, //-7-
    0x36,0x49,0x49,0x49,0x36,0x00, //-8-
```

# 第 4 章　mini POV 双功能显示时钟

```
0x31,0x49,0x49,0x4A,0x3C,0x00, //-9-

0x00,0x00,0x00,0x00,0x00,0x00, //- -
0x00,0x00,0x7D,0x00,0x00,0x00, //-!-
0x02,0x04,0x08,0x10,0x20,0x00, //-/-
0x00,0x36,0x36,0x00,0x00,0x00, //-:-

0x1F,0x24,0x44,0x24,0x1F,0x00, //-A-
0x7F,0x49,0x49,0x49,0x36,0x00, //-B-
0x3E,0x41,0x41,0x41,0x22,0x00, //-C-
0x7F,0x41,0x41,0x41,0x3E,0x00, //-D-
0x7F,0x49,0x49,0x49,0x41,0x00, //-E-
0x7F,0x48,0x48,0x48,0x40,0x00, //-F-
0x3E,0x41,0x45,0x45,0x27,0x00, //-G-
0x7F,0x08,0x08,0x08,0x7F,0x00, //-H-
0x00,0x41,0x7F,0x41,0x00,0x00, //-I-
0x02,0x01,0x41,0x7E,0x40,0x00, //-J-
0x7F,0x08,0x14,0x22,0x41,0x00, //-K-
0x7F,0x01,0x01,0x01,0x01,0x00, //-L-
0x7F,0x20,0x18,0x20,0x7F,0x00, //-M-
0x7F,0x10,0x08,0x04,0x7F,0x00, //-N-
0x3E,0x41,0x41,0x41,0x3E,0x00, //-O-
0x7F,0x48,0x48,0x48,0x30,0x00, //-P-
0x3E,0x41,0x45,0x42,0x3D,0x00, //-Q-
0x7F,0x48,0x4C,0x4A,0x31,0x00, //-R-
0x32,0x49,0x49,0x49,0x26,0x00, //-S-
0x40,0x40,0x7F,0x40,0x40,0x00, //-T-
0x7E,0x01,0x01,0x01,0x7E,0x00, //-U-
0x7C,0x02,0x01,0x02,0x7C,0x00, //-V-
0x7F,0x02,0x0C,0x02,0x7F,0x00, //-W-
0x63,0x14,0x08,0x14,0x63,0x00, //-X-
0x60,0x10,0x0F,0x10,0x60,0x00, //-Y-
0x43,0x45,0x49,0x51,0x61,0x00, //-Z-

0x12,0x15,0x15,0x0E,0x01,0x00, //-a-
0x7F,0x0A,0x11,0x11,0x0E,0x00, //-b-
0x0E,0x11,0x11,0x11,0x08,0x00, //-c-
0x0E,0x11,0x11,0x0A,0x7F,0x00, //-d-
```

```
0x0E,0x15,0x15,0x15,0x08,0x00, //-e-
0x08,0x3F,0x48,0x48,0x20,0x00, //-f-
0x0C,0x12,0x12,0x12,0x0F,0x00, //-g-
0x7F,0x08,0x10,0x10,0x0F,0x00, //-h-
0x00,0x00,0x4F,0x00,0x00,0x00, //-i-
0x00,0x00,0x08,0x4F,0x00,0x00, //-j-
0x7F,0x04,0x0A,0x11,0x01,0x00, //-k-
0x00,0x41,0x7F,0x01,0x00,0x00, //-l-
0x0F,0x10,0x0F,0x10,0x0F,0x00, //-m-
0x10,0x0F,0x10,0x10,0x0F,0x00, //-n-
0x0E,0x11,0x11,0x11,0x0E,0x00, //-o-
0x1F,0x12,0x12,0x12,0x0C,0x00, //-p-
0x0C,0x12,0x12,0x12,0x1F,0x00, //-q-
0x10,0x0F,0x10,0x10,0x08,0x00, //-r-
0x09,0x15,0x15,0x15,0x12,0x00, //-s-
0x10,0x7E,0x11,0x11,0x12,0x00, //-t-
0x1E,0x01,0x01,0x1E,0x01,0x00, //-u-
0x1C,0x02,0x01,0x02,0x1C,0x00, //-v-
0x1E,0x01,0x1E,0x01,0x1E,0x00, //-w-
0x11,0x0A,0x04,0x0A,0x11,0x00, //-x-
0x1C,0x02,0x02,0x04,0x1F,0x00, //-y-
0x11,0x13,0x15,0x19,0x11,0x00, //-z-
};
```

## 4.5 调试及使用

### 4.5.1 系统调试及使用说明

本制作的电路较简单,无需调试,只要焊接无误就能正常工作。

由于对时钟的控制只用了两个按键,开始使用时会感觉有些麻烦,不过经过较短时间的熟悉过程后,你会很方便的操控的。

在这个 mini POV 时钟上作一些改进,可作成 POV 手表或 POV 钥匙挂等,如图 4-25 所示。

# 第 4 章 mini POV 双功能显示时钟

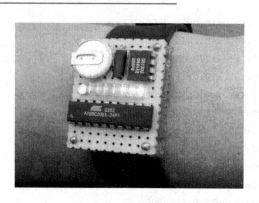

图 4-25 将 mini POV 时钟改制成 POV 手表

## 4.5.2 完成效果图

完成后的 mini LED POV 时钟效果图如图 4-26 所示。

(a) 二进制时钟

(b) POV 时钟

(c) POV 显示字符

图 4-26 运行效果图

## 4.6 后 记

本制作中,按键的使用成为亮点。如想更加实用的话,还有一些改进的地方:

(1) 关闭 LED 后,电损耗仍较大,需进一步采取措施降低损耗,延长电池使用时间。

(2) 可增加串口功能与 PC 机通信,实时更改显示内容或下载调时时间。

# 第 5 章

# 自行车车轮上的 POV LED

## 5.1 引 言

在自己的自行车车轮上安装一个 POV LED 显示装置,可让自己的自行车变得更有个性,更加时尚。其实这也不是什么新创意,国外早就有人这样做了,称它为"SpokePOV"。而在国内,与此类似的商业化产品也越来越多,大多被形象地称为"风火轮"。

有了前 3 章的制作经验,让"风火轮"显示字符已经不是问题了。这里主要让"风火轮"显示动态图案和一些精美图画。

其 POV 项目表如表 5-1 所列。

表 5-1 POV 制作项目之四:自行车轮上的 POV LED

| POV 项目 | 自行车轮上的 POV LED |
|---|---|
| 发光体 | 32 只 LED |
| 运动方式 | 旋转 |
| 供电方式 | 电池供电 |
| 传感器 | 磁开关 |
| 主控芯片 | AT89S52 |
| 调控方式 | 按键 |
| 功能 | 动态显示图案和静态显示图画两种方式显示时钟 |

## 5.2 系统构成

### 5.2.1 系统框图

系统框图如图 5-1 所示。

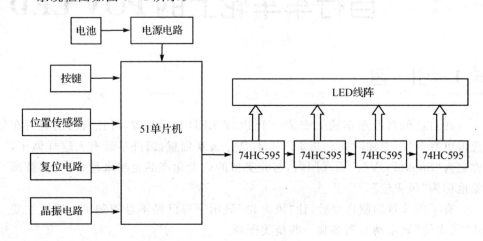

图 5-1 系统框图

通过 AT89S52 发送串行信号到 4 只 74HC595 8 位串行移位寄存器,从而推动 32 只 LED 发光,产生所需要的图案。

### 5.2.2 系统硬件结构草图

系统的结构草图如图 5-2 所示。系统硬件安装方便,由主控板、显示板及金属条组成一个 T 字形部件。

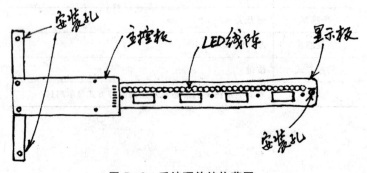

图 5-2 系统硬件结构草图

## 5.3 硬件制作

### 5.3.1 电路原理图

电路原理图如图5-3所示。将显示部分做成一个组件,接口方式与主控板

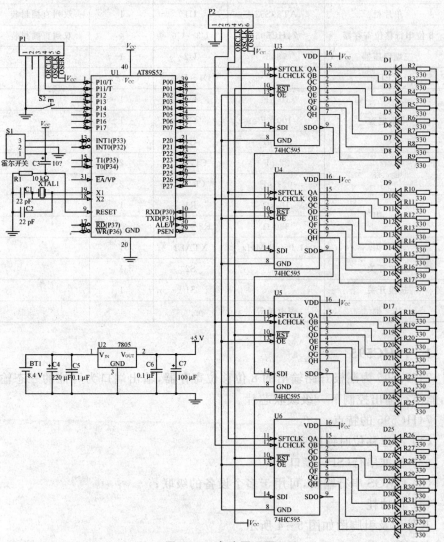

图5-3 电路原理图

连接，方便安装及调试。

### 5.3.2 元件清单及主要元件说明

元件清单如表5-2所列。

表5-2 自行车车轮上的POV电路元件清单

| 元器件 | 规格或型号 | 图中编号 | 数量 | 说明 |
|---|---|---|---|---|
| 单片机 | AT89S52 | U1 | 1 | 双列直插封装 |
| 8位串行移位寄存器 | 74HC595 | U3～U6 | 4 | 双列直插封装 |
| 三端稳压器 | 7805 | U2 | 1 | |
| LED | | D1～D32 | 32 | |
| 电解电容 | 10 μF | C3 | 1 | |
| | 100 μF | C7 | 1 | |
| | 220 μF | C4 | 1 | |
| 电　容 | 22 pF | C1，C2 | 2 | |
| | 0.1 μF | C5，C6 | 2 | |
| 电　阻 | 10 kΩ | R1 | 1 | |
| | 330 Ω | R2～R33 | 32 | |
| 晶　振 | 11.059 2 MHz | XTAL1 | 1 | |
| 霍尔开关 | | S2 | 1 | |
| 按键开关 | | S1 | 1 | |
| 其　他 | 锂电池等 | | | |

**1. 74HC595**

74HC595为漏极开路输出的8位移位寄存器，输出端口为可控的三态输出端，能串行输出控制下一级级联芯片。

74HC595的特点：

(1) 高速移位时钟频率；

(2) 标准串行(SPI)接口；

(3) CMOS串行输出，可用于多个设备的级联；

(4) 低功耗。

其外形及引脚图如图5-4所示。

各引脚功能如表5-3所列。

# 第 5 章 自行车车轮上的 POV LED

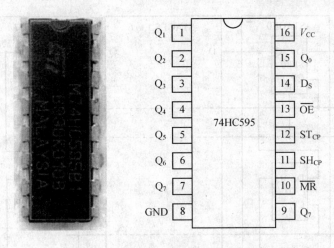

图 5-4　74HC595 外形及引脚定义图

表 5-3　74HC595 引脚功能表

| 引脚编号 | 引脚名 | 引脚定义功能 |
| --- | --- | --- |
| 15,1,2,3,4,5,6,7 | $Q_0 \sim Q_7$ | 8 位三态并行输出口,当 13 引脚 OE 为高时,处于高阻状态,为低时输出信号 |
| 8 | GND | 地(0 V) |
| 9 | $Q_7'$ | 串行数据级联输出端,一般与下一级 74HC595 的串行数据输入端相连 |
| 10 | MR | 移位寄存器清零端,当低电平时清零,大多直接接 $V_{cc}$ |
| 11 | $SH_{cp}$ | 数据输入时钟线,上升沿时数据寄存器的数据移位,即:$Q_0 \to Q_1 \to Q \to \cdots \to Q_7$,下降沿时移位寄存器数据不变 |
| 12 | $ST_{cp}$ | 输出存储器锁存时钟线,上升沿时移位寄存器的数据进入数据存储寄存器,下降沿时存储寄存器数据不变 |
| 13 | OE | 输出使能,低电平有效 |
| 14 | $D_s$ | 串行数据输入端 |
| 16 | $V_{cc}$ | 电源正 |

74HC595 的逻辑图如图 5-5 所示。

# 第 5 章 自行车车轮上的 POV LED

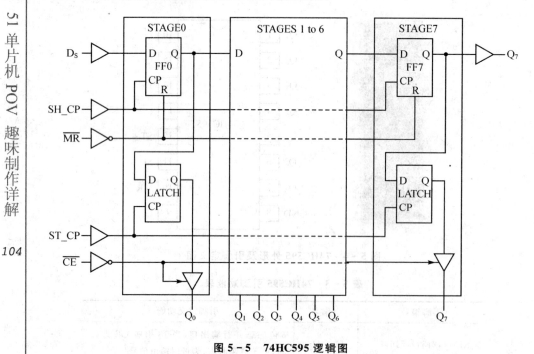

图 5-5 74HC595 逻辑图

**2. 霍尔开关**

当一块通有电流的金属或半导体薄片垂直地放在磁场中时,薄片的两端就会产生电位差,这种现象称为霍尔效应。

霍尔开关电路又称霍尔数字电路,它是将稳压器、霍尔片、差分放大器,斯密特触发器和输出级集成在一起,外观如塑封晶体管似的传感器件,如图 5-6 所示。

在外磁场的作用下,当磁感应强度超过导通阈值时,霍尔电路输出管导通,输出低电平。

## 5.3.3 制作概要

本制作元件较多,看似复杂,其实非常有规律,而且在制作上并没有什么特别要求的地方。制作的关键是"风火轮"如何牢固地安装在自行车车轮上。

整个装置由两块电路板和金属片连接组成一个"T"字形,安装时,将"T"字形的下端固定端与自行车轮轴上的卡子相连,上端则固定在自行车轮的辐条上。

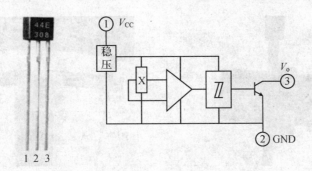

图 5-6 霍尔开关外观及内部原理图

### 1. 轮轴上的安装

如图 5-7 及图 5-8 所示,用铁片加工的卡子固定在轮轴上,为保护轮轴不受损伤,在轮轴与卡子之间衬上橡胶条。

图 5-7 在轮轴上的安装卡子

图 5-8 电路板固定在轮轴上

在安装螺栓时,将一个 L 形的铁片一并固定在一起,方便安装电路板。

### 2. 车轮幅条上的安装

如图 5-9、图 5-10 所示,两片长方形金属片一端与电路板固定,另一端固定在幅条上。

### 3. 安装完成图

图 5-11 为安装完成后的效果图。

### 4. 电池的安装

供电电池用扎线捆绑在车轮的幅条上,并用胶布加固。为减小旋转时的离心力,电池尽量靠近车轮中心。

# 第 5 章　自行车车轮上的 POV LED

图 5-9　金属片与幅条的连接

图 5-10　固定在车轮幅条上

图 5-11　完成效果图

## 5.4　软件设计

### 5.4.1　编程中的问题及解决方案

**1. 驱动 74HC595**

根据器件 74HC595 原理,将驱动过程分成 3 个函数:
(1) PutData():将一个字节的图形数据放置到 74HC595 中。
(2) StorageData():将放置好的数据进行锁存。
(3) MoveData():移动放置好的数据。

**2. 自适应转速**

由于自行车车轮的转速变化很大,在这种情况下,如何还能保证正常显示信息是一个较难的问题。这里我们采用的自适应方法,能达到较好的效果。

在外部中断处理程序里,预先给 T0 一个合适的初始值,在旋转运动中,通过定时器 T0 处理程序给 T0 的中断的次数(即显示的列数)计数,旋转一周完成后,根据实际中断次数与预设的值 N[ ]比较(有两种显示模式,故 N[ ]有两个不同的预设值),根据比较结果,在外部中断处理程序中对 T0 的初设值进行修正,直到定时器 T0 的中断次数达到预设值为止,如图 5-12 所示。

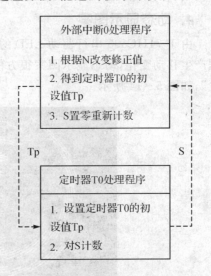

图 5-12 自适应调节算法流程框图

调节好坏效果的关键是等式:

$$D=D+(S-N[M_0])\times 2\times G;$$

为加快自适应收敛过程,修正值中增加变量 $G$,它是定时中断 T1 的中断次数。很显然,转速慢会导致 $G$ 值大,修正值变化随之就大些,缩短了调节时间,但这样,付出的代价是显示的稳定性相对要差一些。

### 3. 静态显示画图

在旋转的 LED 显示屏上显示一个圆是很简单的事,但要显示一条直线却要麻烦得多,如要在给一幅图画取模,保证 POV LED 显示的图形显示正常,就必须在取模时对所取的点进行转换。其原理并不复杂,本质就是将平面直角坐标转换成极坐标方式,这方面的取模软件可以在互联网上找到。

图 5-13 精选了 12 幅图画,并提供部分画面的取模数据,以文件方式保存

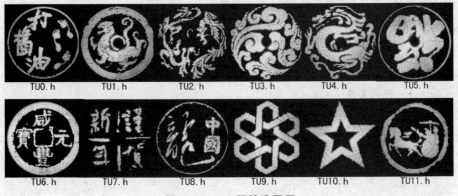

图 5-13 12 幅精选图画

及调用。当要显示其中的一幅画时,只需在程序的开头嵌入对应的文件名即可。

### 4. 动态显示图案

由于 74HC595 串行驱动 LED 的特殊性,可很容易让存在 74HC595 中的数据产生移动变化,动态显示图案很方便。程序中显示的是一个动态旋转的"风火轮",如图 5-14 所示。

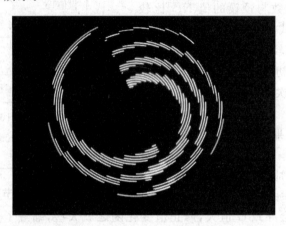

图 5-14 旋转的"风火轮"

## 5.4.2 完整源程序

完整程序如下:

**程序 5-1**

```
//--------------------------------------------------
//程序名:自行车车轮上的 POV LED 显示程序
//编  程:周正华
//说  明:AT89S52 单片机,晶振 11.0592 MHz
//--------------------------------------------------

//--------------------------------------------------
// * *   嵌入文件   * *
//--------------------------------------------------
# include <reg52.h>          //51 单片机硬件资源定义
# include <intrins.h>        //内有定义"_nop_()"函数
# include "TU1.h"            //根据显示图案,选择相应的数模数据文件

//--------------------------------------------------
```

```
// * *   变量说明   * *
//------------------------------------------------

//定义单片机驱动 74HC595 的端口
sbit OSER = P1^0;
sbit OSCLK = P1^1;
sbit ORCLK = P1^2;

//定义按键端口
sbit Key = P1^4;

unsigned int Pt;                    //显示扫描时间间隔
unsigned char Mo;                   //显示模式
unsigned char T,G;
unsigned int S;                     //实际等分圆数
unsigned long D;                    //自适应旋转转速的调整值

unsigned int N[2] = {256,192};      //预设等分圆数

//------------------------------------------------
// * *   延时函数   * *
//------------------------------------------------
void Delay(unsigned int ss)
{
unsigned int xx;
  for(xx = 0; xx< = ss;xx + + ){};
}


//------------------------------------------------
// * *   传送一个字节到寄存器   * *
//------------------------------------------------
void PutData(unsigned char mm)
{
   unsigned int ii;
   unsigned char aa;
   aa = ~mm;
   ii = 0;
   do
```

```c
    {
        ii++;
        OSCLK = 0;
        OSER = aa&0x80;
        aa = aa<<1;
        OSCLK = 1;
    }while(ii<8);
    OSER = 1;
}

//--------------------------------------------------
//**  锁存寄存器数据  **
//--------------------------------------------------
void StorageData(void)
{
    ORCLK = 0;
    _nop_();
    ORCLK = 1;
}


//--------------------------------------------------
//**  寄存器数据移位  **
//--------------------------------------------------
void MoveData(unsigned int Num)
{
    unsigned char ii;
    
    for(ii=0;ii<Num;ii++){
        OSCLK = 0;_nop_();
        OSCLK = 1;_nop_();
    }
}


//--------------------------------------------------
//**  外部中断0处理程序/自适应转速调节  **
//--------------------------------------------------
void intersvr0(void) interrupt 0 using 1
{
```

## 第 5 章  自行车车轮上的 POV LED

```
    TH0 = -1;TL0 = -1;
    D = D + (S - N[Mo]) * 2 * G;
    Pt = 600 + D;
    S = 0;G = 0;
}

//----------------------------------------
//**  定时中断 0 处理函数/显示一列的时间  **
//----------------------------------------
void timer0(void) interrupt 1 using 1
{
    TH0 = -Pt/256;TL0 = -Pt%256;
    S++;T = S/6;
}

//----------------------------------------
//**  定时中断 1 处理函数/旋转一周中断次数计数  **
//----------------------------------------
void timer1(void) interrupt 3 using 1
{
    if(G<10) G++;
}

//----------------------------------------
//**  主程序  **
//----------------------------------------
void main(void)
{
    unsigned char i,k;
    Mo = 0;

    TMOD = 0x11;

    TH0 = 0; TL0 = 0;
    TR0 = 1; ET0 = 1;

    TH1 = 0; TL1 = 0;
    TR1 = 1; ET1 = 1;
```

```
ITO = 1; EXO = 1;

EA = 1;
while(1)
{
  /*键盘处理程序*/
  if(Key = = 0)
  {
    Delay(6000);
    if(Key = = 0)
    {
      Mo = ! Mo;
      Delay(6000);
    }
  }

  if(Mo = = 0)    /*显示模式一：静态显示图画*/
  {
    if(S<N[Mo])
    {
      PutData(TU[4*S+3]);
      PutData(TU[4*S+2]);
      PutData(TU[4*S+1]);
      PutData(TU[4*S]);
      StorageData();
    }
  }

  if(Mo = = 1)    /*显示模式二：动态显示图案*/
  {
    i++;if(i>20) {i=0;if(k<32) k++; else k=0;}
      PutData(0x01);
    PutData(0x03);
    PutData(0x07);
    PutData(0x0f);
    MoveData((T+k) % 32);
    StorageData();
  }
```

    }
}

//--------------------------------------------------------
// 文件名：TU0.h
// 显示图画数据/"打酱油"
//--------------------------------------------------------
unsigned char code TU[] =
{
    0x80,0x00, 0x00,0xC0, 0x80,0x00, 0x00,0xC0, 0xC0,0x00, 0x00,0xC0, 0x40,0x00, 0x00,0xC0,

    0x40,0x00, 0x00,0xC0, 0x40,0x00, 0x00,0xC0, 0x40,0x00, 0x00,0xC0, 0x40,0x00, 0x00,0xC0,

    0x40,0x00, 0x00,0xC0, 0x40,0x00, 0xC0,0xC1, 0x40,0x00, 0xC0,0xC1, 0x40,0x00, 0xE0,0xC3,

    0x40,0x00, 0xE0,0xC3, 0x40,0x08, 0xF0,0xC3, 0x40,0x0F, 0xF0,0xC1, 0x40,0x1F, 0xF0,0xC1,

    0xC0,0x1F, 0xF0,0xC1, 0xC0,0x1F, 0xF0,0xC0, 0x80,0x1F, 0xE0,0xC0, 0x80,0x1F, 0xE0,0xC0,

    0x80,0x1F, 0xC0,0xC0, 0xC0,0x3F, 0x00,0xC1, 0xC0,0x1F, 0x00,0xC1, 0xC0,0x1F, 0x00,0xC1,

    0xC0,0x1F, 0x00,0xC1, 0x80,0x3F, 0x00,0xC1, 0xC0,0x3F, 0x00,0xC1, 0x80,0x6F, 0x00,0xC2,

    0x80,0x6F, 0xF8,0xC2, 0x40,0x66, 0xF8,0xC1, 0x00,0x70, 0xF8,0xC3, 0x80,0x51, 0xF8,0xC7,

    0x00,0x15, 0xF8,0xC3, 0x00,0x15, 0xF8,0xC1, 0x00,0x15, 0xF8,0xC7, 0x00,0x04, 0xF0,0xC7,

    0x00,0x00, 0xF0,0xC0, 0x00,0x00, 0x10,0xC3, 0x00,0x00, 0xB0,0xC0, 0x00,0x00, 0xB0,0xC0,

    0x00,0x00, 0xB0,0xC0, 0x00,0x00, 0x30,0xC0, 0x00,0x00, 0x20,0xC0, 0x00,0x00, 0x00,0xC0,

    0x00,0x00, 0x00,0xC0, 0x00,0x00, 0x00,0xC0, 0x00,0x00, 0x00,0xC0, 0x00,0x00, 0x00,0xC0,

    0x00,0x00, 0x00,0xC0, 0x00,0x00, 0x00,0xC0, 0x00,0x00, 0x00,0xC0, 0x00,0x00, 0x00,0xC0,

    0x00,0x00, 0x00,0xC0, 0x00,0x00, 0x00,0xC0, 0x00,0x00, 0x00,0xC0, 0x00,0x00, 0xC0,0xC0,

    0x00,0x00, 0xC0,0xC1, 0x00,0x00, 0xE0,0xC1, 0x00,0x00, 0xE0,0xC1, 0x00,0x08,

## 第 5 章 自行车车轮上的 POV LED

0xC0,0xC1,
    0x00,0xFC,0xE0,0xC1,0x00,0xFE,0xFF,0xC1,0x00,0xFE,0xFF,0xC1,0x00,0xFE,
0xFF,0xC1,
    0x00,0xFE,0xFF,0xC3,0x00,0xFE,0xE0,0xC3,0x00,0x3E,0xE0,0xC3,0x00,0x3C,
0xE0,0xC3,
    0x00,0x7C,0xE0,0xC3,0x00,0xFC,0x20,0xC0,0x00,0xF0,0x61,0xC0,0x00,0xE0,
0x61,0xCC,
    0x00,0xC0,0x71,0xDE,0x00,0x00,0x38,0xFF,0x00,0x00,0xF8,0xDF,0x00,0x00,
0xF0,0xC7,
    0x00,0x00,0xF0,0xC3,0x00,0x00,0xF8,0xC1,0x00,0x80,0x7D,0xC0,0x00,0x80,
0x7D,0xC0,
    0x00,0xC0,0x3F,0xC0,0x00,0xC0,0x3F,0xC0,0x00,0xC0,0x3F,0xC0,0x00,0xE0,
0x3F,0xC0,
    0x00,0xF0,0x7B,0xC0,0x00,0xF8,0x79,0xC0,0x00,0xFC,0x79,0xC0,0x00,0xFC,
0x79,0xC0,
    0x00,0xFE,0x79,0xC0,0x00,0xBE,0xF1,0xC0,0x00,0xDE,0xF1,0xC0,0x00,0x9E,
0xC1,0xC0,
    0x00,0x9E,0x01,0xC0,0x00,0xBC,0x01,0xC0,0x00,0xBC,0x01,0xC0,0x00,0xB8,
0x01,0xC0,
    0x00,0x80,0x01,0xC0,0x00,0x80,0x01,0xC0,0x00,0x80,0x01,0xC0,0x00,0x80,
0x01,0xC0,
    0x00,0x00,0x07,0xC0,0x00,0x10,0x06,0xC0,0x00,0x30,0x06,0xC0,0x00,0x70,
0x06,0xC0,
    0x00,0xF0,0x07,0xC0,0x00,0xF0,0x07,0xC0,0x00,0xF2,0x07,0xC0,0x00,0xF6,
0x07,0xC0,
    0x00,0xF6,0x07,0xC0,0x00,0xFE,0x07,0xC0,0x00,0xFC,0x07,0xC0,0x00,0x7C,
0x27,0xC0,
    0x00,0x7C,0x67,0xC0,0x00,0x7C,0x77,0xC0,0x00,0xFC,0x36,0xC0,0x00,0xF8,
0x33,0xC0,
    0x00,0xF8,0x33,0xC0,0x00,0xF0,0x33,0xC0,0x00,0xEC,0x3F,0xC0,0x00,0xDC,
0x3F,0xC0,
    0x00,0xDC,0xFF,0xC1,0x00,0xFC,0xFE,0xC3,0x00,0xFC,0xF8,0xC3,0x00,0xFC,
0xD0,0xC1,
    0x00,0xF8,0x19,0xC0,0x00,0xF8,0x39,0xC0,0x80,0xF9,0x79,0xC0,0xC0,0xF3,
0xFB,0xC0,
    0xC0,0xF7,0xFF,0xC1,0xC0,0xFF,0xDF,0xC1,0xC0,0xFF,0xDC,0xC1,0xC0,0xFF,
0x19,0xC0,
    0xE0,0xFF,0x1D,0xC0,0xE0,0xFF,0x1F,0x80,0xE0,0xF0,0x3F,0xC0,0xE0,0xF0,

0x3F,0x80,
       0xE0,0xF0,0x3F,0xC0,0xE0,0xB8,0x3F,0xC0,0xE0,0x38,0x3B,0xC0,0xE0,0x3C,
0x33,0xC0,
       0xE0,0x3D,0x37,0x80,0xC0,0x3D,0x77,0x80,0xC0,0x9D,0x77,0xC0,0xC0,0xC9,
0x77,0xC0,
       0xC0,0xC1,0x67,0xC0,0xC0,0xE1,0x67,0x80,0xC0,0xF1,0xE7,0xC0,0xC0,0xF3,
0xE3,0xC0,
       0x80,0x7B,0xC0,0xC0,0x80,0x7B,0xFE,0xC1,0x80,0xC3,0xFF,0xC1,0x80,0xE7,
0xFF,0xC0,
       0x80,0xE7,0x3F,0xC0,0x00,0xF7,0x1F,0xC0,0x00,0xEF,0x07,0xC0,0x00,0xDF,
0x01,0xC0,
       0x00,0x1E,0x00,0xC0,0x00,0x1E,0x00,0xC0,0x00,0x3E,0x00,0xC0,0x00,0x3C,
0x00,0xC0,
       0x00,0x3C,0x00,0x80,0x00,0x38,0x00,0xC0,0x00,0x70,0x04,0xC0,0x00,0x30,
0x06,0xC0,
       0x00,0x00,0x06,0xC0,0x00,0x00,0x07,0xC0,0x01,0x00,0x07,0xC0,0x01,0x00,
0x47,0xC0,
       0x01,0x00,0x67,0xC0,0x03,0x00,0x67,0xC0,0x03,0x00,0x67,0xC0,0x03,0x08,
0x63,0xC0,
       0x03,0x0C,0x63,0xC0,0x07,0x3C,0x62,0xC0,0x07,0x7C,0x60,0xC0,0x0F,0xF8,
0x60,0x88,
       0x0F,0xF8,0x40,0xDE,0x1F,0xF8,0x83,0xFF,0x1F,0xF0,0xFF,0xDF,0x3F,0xF0,
0xFF,0x8F,
       0x7F,0xF8,0xFF,0x83,0xFF,0xF8,0x1F,0x80,0xFF,0x39,0x1F,0xC0,0xFF,0x1F,
0x1F,0xC0,
       0xFF,0x9F,0x3B,0xC0,0xFF,0xDF,0x7B,0x80,0xFF,0xFF,0x71,0xC0,0xFF,0xFF,
0x71,0x80,
       0xFF,0xFF,0x33,0xC0,0xFF,0xFF,0x3F,0xC0,0xFF,0xFF,0x3F,0xC0,0xCF,0xEE,
0x3F,0x80,
       0x03,0xE6,0x3B,0xC0,0x00,0xE6,0xFE,0x80,0x00,0xE6,0x78,0xC0,0x00,0xE6,
0x78,0xC0,
       0x00,0xE6,0x7C,0xC0,0x00,0xE6,0x3E,0x80,0x00,0xE6,0x1E,0xC0,0x00,0xC6,
0x0F,0x80,
       0x00,0xCE,0x0F,0xC0,0x00,0x8E,0x07,0xC0,0x00,0xCE,0x03,0xC0,0x00,0xEE,
0x03,0xC0,
       0x00,0xEC,0x01,0x80,0x00,0xFC,0x01,0x80,0x00,0xFC,0x00,0xC0,0x00,0xFC,
0x00,0xC0,
       0x00,0x7C,0x00,0xC0,0x00,0x78,0x00,0x80,0x00,0x38,0x00,0xC0,0x00,0x38,

## 第 5 章 自行车车轮上的 POV LED

```
0x00,0xC0,
    0x00,0x20,0xC0,0xC1,0x00,0x00,0xE0,0xC1,0x00,0x00,0xE0,0xC3,0x00,0x00,
0xF0,0xC1,
    0x00,0x00,0xF0,0xC1,0x00,0x00,0xF0,0xC1,0x00,0x00,0xF0,0xC1,0x00,0x00,
0xF0,0xC1,
    0x00,0x00,0xF0,0xC0,0x00,0x00,0xE0,0xC0,0x00,0x00,0xE0,0xC0,0x00,0x00,
0x80,0xC0,
    0x00,0x00,0x80,0xC0,0x00,0x00,0x00,0xC1,0x00,0x00,0x00,0xC1,0x00,0x00,
0x00,0xC1,
    0x00,0x00,0x00,0xC1,0x00,0x00,0x00,0xC1,0x00,0x00,0x00,0xC1,0x00,0x00,
0xF8,0xC0,
    0x00,0x00,0xF8,0xC1,0x00,0x00,0xF8,0xC3,0x00,0x00,0xF8,0xC7,0x00,0x00,
0xF8,0xC7,
    0x00,0x18,0xF8,0xC1,0x00,0x1C,0xF8,0xC2,0x00,0x1C,0xF8,0xC2,0x00,0x3E,
0xF0,0xC1,
    0x00,0x3E,0x00,0xC3,0x00,0x3E,0x70,0xC0,0x00,0x3E,0xB0,0xC0,0x00,0x3E,
0xB0,0xC0,
    0x00,0x3E,0x30,0xC0,0x00,0x1F,0x20,0xC0,0x00,0x3F,0x00,0xC0,0x00,0x1F,
0x00,0xC0,
    0x00,0x1F,0x00,0xC0,0x00,0x1F,0x00,0xC0,0x00,0x0F,0x00,0xC0,0x00,0x0F,
0x00,0xC0,
    0x80,0x0F,0x00,0xC0,0x80,0x07,0x00,0xC0,0x80,0x03,0x00,0xC0,0x80,0x00,
0x00,0xC0,
    0x00,0x00,0x00,0x00,0x00,0x00,0x00,0x00,0x00,0x00,0x00,0x00,0x00,0x00,
0x00,0x00,
    0x00,0x00,0x00,0x00,0x00,0x00,0x00,0x00,0x00,0x00,0x00,0x00,0x00,0x00,
0x00,0x00
};

//------------------------------------------------
// 文件名：TU1.h
// 显示图画数据/瑞兽
//------------------------------------------------
unsigned char code TU[] =
{
0x3D,0xF0,0x47,0xFE,0x3D,0xE0,0x3F,0xFE,0x3D,0xE0,0x3F,0xFE,0x1D,0xE0,
0x1F,0xFF,
```

0x1D,0xF0, 0x1F,0xFF, 0x1D,0xF0, 0x00,0xFF, 0x1D,0x70, 0x00,0xFE, 0x1D,0x70, 0x00,0xFE,
0x1D,0x30, 0x00,0xFF, 0x1D,0x38, 0x00,0xFF, 0x3D,0x18, 0x00,0xFF, 0x39,0x18, 0x00,0xFE,
0x39,0x08, 0x00,0xFF, 0x39,0x08, 0x00,0xFE, 0x39,0x08, 0x00,0xFF, 0x19,0x18, 0x00,0xFE,
0x19,0x08, 0x01,0xFE, 0x19,0x08, 0x01,0xFE, 0x19,0x1C, 0x01,0x7E, 0x39,0x18, 0x01,0x7E,
0x39,0xB8, 0x01,0x76, 0x39,0xF0, 0x01,0x3E, 0x39,0xF0, 0x00,0x2E, 0x19,0x60, 0x00,0x7E,
0x19,0x00, 0x00,0x7E, 0x19,0x00, 0x00,0x7E, 0x19,0x00, 0x00,0xFE, 0x39,0x00, 0x00,0xFE,
0x39,0x00, 0x00,0xFC, 0x39,0x00, 0x00,0xFE, 0x39,0x00, 0x00,0xFE, 0x79,0x00, 0x00,0x72,
0x79,0x00, 0x00,0xFA, 0x79,0x00, 0x00,0xFA, 0xF1,0xC1, 0x01,0xFA, 0xF1,0xF9, 0x03,0xFE,
0xF1,0xFF, 0x0F,0xFF, 0xF3,0xFF, 0x0F,0xFE, 0xF1,0xFF, 0x1F,0xFE, 0xE3,0x7F, 0x3C,0xFE,
0xE3,0x3F, 0x38,0xFE, 0xE1,0x0F, 0x30,0xFE, 0xC1,0x07, 0x30,0xFF, 0xC1,0x03, 0x30,0xFE,
0x81,0x01, 0x30,0xFE, 0x01,0x00, 0x20,0xFE, 0x01,0xC0, 0x21,0xFE, 0x01,0xC0, 0x73,0xFE,
0x01,0xC0, 0x31,0xFF, 0x01,0xC0, 0x31,0xFF, 0x01,0x40, 0x30,0xFE, 0x01,0x60, 0x18,0xEE,
0x01,0x40, 0x1F,0xEE, 0x01,0xC0, 0x0F,0xDF, 0x01,0xC0, 0x07,0xFE, 0x01,0x80, 0x07,0xBF,
0x01,0x00, 0x00,0xFE, 0x01,0x00, 0x80,0xFE, 0x03,0x00, 0x00,0xBE, 0x03,0x00, 0x00,0xBE,
0x03,0x00, 0x00,0xFE, 0x03,0x00, 0x00,0xFF, 0x03,0x00, 0x00,0xFF, 0x03,0x00, 0x00,0xDF,
0x03,0x00, 0x00,0xD2, 0x03,0x00, 0x00,0xDF, 0x03,0x00, 0x00,0xDF, 0x03,0x00, 0x00,0x5E,
0x03,0x00, 0x00,0x7E, 0x03,0x00, 0x00,0x9F, 0x03,0x00, 0x00,0xBE, 0x03,0x00, 0x00,0xAF,
0x03,0x00, 0x00,0x9F, 0x03,0x80, 0x00,0xDF, 0x13,0x81, 0x00,0xDF, 0x93,0x8F, 0x01,0xFF,
0xC3,0xCF, 0x01,0xFF, 0xC3,0xDF, 0x01,0xFD, 0xC3,0xCB, 0x03,0xFD, 0xE3,0xDB, 0x03,0xF6,

## 第 5 章　自行车车轮上的 POV LED

0xE3,0xDF,0x03,0xFF,0xE3,0xDD,0x03,0xFF,0xE3,0xD9,0x07,0xFF,0xE3,0xFB,0x07,0xFF,

0xE3,0xED,0x0F,0xFF,0xE3,0xED,0x0F,0xFE,0xF3,0xEC,0x0F,0xFE,0xE3,0xCC,0x0F,0xFE,

0xF3,0xD5,0x0F,0xFE,0xB3,0xD4,0x0D,0xFF,0xE3,0xFE,0x1D,0xFF,0xE3,0xEE,0x1D,0xEF,

0xE3,0xFE,0x19,0xFF,0xE3,0xFE,0x1B,0xFF,0xA3,0xFC,0x1F,0xFF,0xAB,0x7C,0x17,0x7F,

0xF3,0x3D,0x1C,0xDF,0xAB,0x3D,0x18,0xDF,0xA3,0x39,0x1C,0xFF,0xE3,0x33,0x1C,0xFE,

0xE3,0x23,0x00,0xFF,0xE3,0x63,0x00,0xFF,0xE3,0x43,0x00,0x7F,0xE3,0xC3,0x00,0x3F,

0xE3,0xC3,0x00,0x3B,0xE3,0xC7,0x01,0x3F,0xF3,0xC7,0x03,0x7E,0xE3,0x07,0x03,0xFE,

0xF1,0x87,0x00,0xFF,0xE3,0x87,0x01,0xFF,0xBB,0x07,0x00,0xFE,0x3B,0x0F,0x00,0xFF,

0xE9,0x07,0x00,0xFF,0xE9,0x07,0x00,0xFE,0xE9,0x0F,0x00,0xFF,0xC9,0x0E,0x00,0x7E,

0x49,0x0F,0x00,0x7E,0x71,0x0E,0x10,0x7E,0xF1,0x0E,0x38,0x7A,0xF1,0x1E,0x10,0x58,

0xF1,0x0E,0x70,0x7E,0xF1,0x0D,0x60,0x7E,0xF1,0x11,0x60,0x7E,0xF1,0x1B,0x30,0xFE,

0xF1,0x1F,0x30,0x7E,0xF1,0x3F,0x30,0xFE,0xE9,0x2F,0x38,0xFE,0xE9,0x27,0x39,0xFE,

0xE9,0x3B,0x30,0xEE,0xD9,0x6F,0x3D,0xFE,0x39,0x6F,0x19,0xFE,0x39,0x69,0x1F,0xFE,

0x79,0x6C,0x0F,0xFE,0xF9,0x79,0x0E,0xFC,0xF9,0x7B,0x0E,0xFC,0x89,0x7F,0x0C,0xFE,

0x81,0x6B,0x0C,0xFE,0x01,0x6B,0x0C,0xFE,0x81,0xEA,0x00,0xFE,0x71,0xFA,0x00,0xFE,

0x71,0xDE,0x00,0xFE,0x41,0xFD,0x00,0xFE,0x01,0xFC,0x00,0xFE,0x01,0xF4,0x00,0xFE,

0x01,0xE4,0x00,0xFE,0xE1,0xE6,0x00,0xFE,0xF1,0xF6,0x01,0xFE,0xF1,0xF7,0x00,0xFE,

0xF1,0xF7,0x01,0xFE,0xE1,0xF5,0x01,0xFE,0xE0,0xF4,0x01,0xFE,0xE1,0xFC,0x00,0xFE,

0xE0,0xFA,0x00,0xFE,0xE0,0xBA,0x20,0xE6,0xE0,0x3A,0x60,0xEC,0x81,0x3F,0x60,0xFE,

0x81, 0xFC, 0x60, 0xFE, 0x31, 0xFC, 0x61, 0xFE, 0xB1, 0xFD, 0x31, 0xFE, 0xF1, 0xFC, 0x77, 0xFE,
0xF1, 0xFC, 0x3F, 0xFE, 0xF1, 0xFD, 0x3F, 0xFE, 0x71, 0xFD, 0x3F, 0xFF, 0xF1, 0xFD, 0x1F, 0xFE,
0xF1, 0xFD, 0x0F, 0xFE, 0xF1, 0xA8, 0x07, 0xFE, 0xF1, 0x04, 0x04, 0xFE, 0xF1, 0x07, 0x00, 0xFE,
0x71, 0x17, 0x00, 0xFE, 0xF1, 0x3F, 0x00, 0xFE, 0xF9, 0x3F, 0x00, 0xFE, 0xF1, 0x3C, 0x00, 0xFE,
0xF1, 0x3D, 0x20, 0xFE, 0xE1, 0x32, 0x20, 0xFE, 0xF9, 0x2E, 0x10, 0xFE, 0xF9, 0x39, 0x08, 0xFE,
0xF9, 0x35, 0x00, 0xFE, 0xF1, 0x25, 0x01, 0x7E, 0xF9, 0x3F, 0x01, 0x7E, 0xF9, 0x1B, 0x00, 0xFE,
0xF9, 0x1B, 0x00, 0xFE, 0xF9, 0x1B, 0x00, 0xFE, 0xF9, 0x1F, 0x00, 0xFE, 0xF9, 0x1F, 0x00, 0xFE,
0xF9, 0x1F, 0x00, 0x3E, 0xF1, 0x1F, 0x00, 0xFE, 0xE1, 0x1F, 0x00, 0x7E, 0xD9, 0x1F, 0x00, 0x7E,
0xD9, 0x1F, 0x00, 0x3E, 0xD9, 0x1F, 0x00, 0xBE, 0xF8, 0x1F, 0x30, 0xFE, 0xF8, 0x1F, 0x30, 0xFE,
0xBC, 0x1F, 0x30, 0x7F, 0x58, 0xDF, 0x20, 0x3E, 0x5C, 0xDF, 0x60, 0xFE, 0x7C, 0xDF, 0x60, 0xFE,
0x7C, 0xDF, 0x21, 0xFE, 0x7C, 0xDF, 0x21, 0xFE, 0xFC, 0xDF, 0x31, 0x7E, 0xBC, 0xDF, 0x39, 0xFE,
0xBC, 0xDF, 0x3D, 0xFF, 0xFC, 0xBE, 0x3D, 0xFF, 0xFC, 0x8E, 0x0D, 0xFF, 0xFC, 0xEE, 0x0F, 0xFF,
0x7C, 0xCF, 0x0F, 0xFF, 0xFC, 0xEF, 0x0F, 0xFF, 0xFC, 0xAF, 0x07, 0xFF, 0xFC, 0xAF, 0x07, 0xFE,
0xFC, 0xAF, 0x07, 0xFF, 0xFC, 0xA6, 0x07, 0xFF, 0xFC, 0x3E, 0x07, 0xFF, 0xFC, 0x2F, 0x07, 0xFF,
0xFC, 0x2F, 0x07, 0x7F, 0xFC, 0x0D, 0x0F, 0xFE, 0xF8, 0x0D, 0x0A, 0xFF, 0xF0, 0x0D, 0x0E, 0xFF,
0xE8, 0x0F, 0x0E, 0xFF, 0xEC, 0x0F, 0x0C, 0xFF, 0xEC, 0x0B, 0x0C, 0xFF, 0xDC, 0x1F, 0x04, 0xFF,
0xFC, 0x1F, 0x1C, 0xFF, 0xFC, 0x1F, 0x0C, 0xFF, 0xF8, 0x1F, 0x08, 0xFF, 0xB0, 0x0F, 0x08, 0xFF,
0xA0, 0xFF, 0x0C, 0xFF, 0xF8, 0xFF, 0x04, 0xFF, 0x58, 0xFF, 0x00, 0xFE, 0x5C, 0xFF, 0x00, 0xFE,
0xF8, 0xFE, 0x01, 0x7F, 0xFC, 0xFE, 0x01, 0xFF, 0xB8, 0xFF, 0x03, 0xFE, 0xB8, 0xFF, 0x03, 0xFE,

0x70,0xFD,0x03,0xFE,0xF0,0xFF,0x03,0xFE,0xF8,0xFE,0x07,0xFE,0xE8,0xFC,
0x03,0xFE,
0xF8,0xF5,0x03,0xFF,0xF0,0xF7,0x03,0xFE,0xF8,0xF7,0x03,0xFE,0xD8,0xFF,
0x03,0xFF,
0xD8,0xBF,0x03,0xFF,0xD8,0x9F,0x03,0xFE,0x98,0x8F,0x03,0xFF,0x98,0x6F,
0x03,0xFF,
0x18,0xCF,0x01,0xFF,0x38,0xE4,0x03,0xFF,0x39,0xE0,0x01,0xFF,0x19,0xE0,
0x03,0xFF,
0x19,0xE0,0x21,0xFF,0x19,0xE0,0x31,0xFE,0x39,0xE0,0x23,0xFE,0x39,0xE0,
0x23,0xFE,
0x19,0xE0,0x63,0xFE,0x19,0xE0,0x43,0xFE,0x1D,0xF0,0x43,0xFE,0x3D,0xF0,
0x47,0xFE,

0x00,0x00,0x00,0x00,0x00,0x00,0x00,0x00,0x00,0x00,0x00,0x00,0x00,0x00,
0x00,0x00,
0x00,0x00,0x00,0x00,0x00,0x00,0x00,0x00,0x00,0x00,0x00,0x00,0x00,0x00,
0x00,0x00
};

//--------------------------------------------------
// 文件名：TU3.h
// 显示图画数据/祥云
//--------------------------------------------------
unsigned char code TU[] =
{
0x7F,0x8F,0xFF,0x43,0x7F,0x8F,0xFF,0x41,0x79,0x1F,0xFE,0x41,0x7D,0x1F,
0xFE,0x40,
0x7D,0x1F,0xFE,0x40,0x7D,0x1F,0x3C,0x40,0x7D,0x1F,0x00,0x44,0x7D,0x1F,
0x10,0x0F,
0xBD,0x1F,0x70,0x1F,0x3D,0x1F,0xF8,0x1F,0xBD,0x1F,0xFC,0x1F,0xBD,0x1F,
0xFC,0x1F,
0xBD,0x1F,0xFC,0x1F,0x9D,0x1F,0xFC,0x1F,0x8D,0x1F,0xFC,0x0C,0xC9,0x1F,
0x7C,0x1F,
0xC1,0x1F,0xFC,0x1F,0xC1,0x1D,0xBC,0x1F,0xE1,0x1D,0xBC,0x3F,0xE1,0x1D,
0xBC,0x1F,
0xE3,0x1F,0x7C,0x0F,0xF3,0x1F,0x78,0x06,0xFB,0x1F,0x78,0x70,0xFF,0x1F,
0x70,0xF0,
0xFF,0x1F,0xF0,0xFC,0xFF,0x1F,0xE0,0x9C,0xFF,0x0F,0xC0,0x2D,0xFF,0x0F,

## 第 5 章 自行车车轮上的 POV LED

0xC0,0xAD,
　　0xFF,0x0F,0x91,0xEB,0xFF,0x87,0x7F,0xDB,0xFF,0x87,0x7F,0x16,0xFF,0xC3,
0xFF,0x36,
　　0xFF,0xC3,0xFF,0x35,0xFF,0xC3,0x9F,0x2F,0xFF,0xC3,0xFF,0x2A,0xFF,0xC3,
0xFF,0x2F,
　　0xFF,0xC3,0xDF,0x37,0xFF,0x83,0x0F,0x1F,0xFF,0x83,0x27,0x1F,0xFF,0x83,
0x6F,0x0E,
　　0xFF,0x03,0x7E,0x3C,0xFF,0x01,0xFE,0x3C,0xFF,0x01,0xFE,0x18,0xFF,0x01,
0xFE,0x18,
　　0xFF,0x01,0xFE,0x30,0xFF,0x01,0x7C,0x30,0xFF,0x00,0x38,0x20,0xFF,0xC0,
0x02,0x20,
　　0xFF,0xE0,0x0F,0x60,0xFF,0xF0,0x1F,0x60,0xFF,0xF8,0x1F,0x40,0x7F,0xF8,
0x1F,0x40,
　　0x7F,0xF8,0xFF,0x47,0x7F,0xFC,0xFF,0x4F,0x7F,0xFE,0xFF,0x5F,0x3F,0xFE,
0xFF,0x3F,
　　0x3F,0xFF,0xFF,0x3F,0x1F,0xFE,0xFF,0x3F,0x1E,0x7E,0xF8,0x7F,0x9E,0x7F,
0xF2,0x7F,
　　0x8E,0xBE,0xEF,0x7F,0x84,0xFF,0xDF,0x7F,0x80,0xDF,0xFF,0x7F,0x80,0xFF,
0xFF,0x7F,
　　0x00,0xEF,0xF3,0x7F,0x00,0xEF,0xE0,0x3F,0x00,0x7F,0xC0,0x3F,0x80,0x3F,
0xC0,0x1F,
　　0x80,0x37,0x80,0x1F,0xC0,0x37,0x84,0x3F,0xC0,0x1F,0x8F,0x3F,0x80,0x1F,
0x9F,0x3F,
　　0x80,0x9F,0x9F,0x3F,0xC0,0x9B,0x9F,0x3F,0xC0,0xDB,0x9F,0x3F,0x80,0xCB,
0xDF,0x3F,
　　0x80,0xCF,0xCF,0x3F,0x80,0xCB,0xEF,0x3F,0x80,0xCF,0xFF,0x3F,0x80,0xCF,
0xFF,0x1F,
　　0x80,0xCF,0xFF,0x1F,0x80,0xCF,0xFF,0x0F,0x80,0xCF,0xFF,0x4F,0x80,0x8F,
0xFF,0x47,
　　0x80,0x8F,0xFF,0x43,0x80,0x8F,0xFF,0x43,0x80,0x8F,0xFF,0x01,0x80,0x0F,
0xFF,0x00,
　　0x80,0x0F,0x3E,0x20,0x80,0x0F,0x1C,0x20,0x80,0x0F,0x00,0x20,0x80,0x0F,
0x38,0x20,
　　0x80,0x1F,0x78,0x20,0x80,0x1F,0x7E,0x30,0x80,0x0F,0x7F,0x30,0x00,0x0F,
0xFF,0x10,
　　0x00,0x8F,0xFF,0x10,0x00,0x9F,0xCF,0x18,0x00,0x9F,0xE7,0x19,0x00,0x9F,
0xF7,0x18,
　　0x00,0x9F,0xF7,0x0C,0x00,0x9E,0x67,0x0C,0x01,0xBE,0x07,0x0E,0x03,0xBE,

## 第 5 章　自行车车轮上的 POV LED

0x0F,0x2E,
　　0x07,0x3E,0x9F,0x27,0x07,0x3E,0xFF,0x27,0x0F,0x3E,0xFF,0x33,0x1F,0x7C,
0xFE,0x1B,
　　0x0F,0x7C,0xFE,0x19,0x0F,0x7C,0x7C,0x1C,0x1F,0x7C,0x08,0x0A,0x1F,0xF8,
0x00,0x0E,
　　0x1F,0xF8,0x00,0x0D,0x3F,0xF8,0x80,0x06,0x7F,0xF0,0xC1,0x07,0x7F,0xF0,
0xC1,0x07,
　　0xFF,0xF0,0x41,0x03,0xFF,0xE0,0x63,0x03,0xFF,0xE1,0xE3,0x3F,0xFF,0xE1,
0xE7,0x7D,
　　0xFF,0xC3,0x66,0x7F,0xFF,0xC7,0x67,0x73,0xFF,0xCF,0x4D,0x7B,0xFF,0x8F,
0xE7,0x7E,
　　0xFF,0x97,0xEF,0x3F,0x5F,0x0F,0xCF,0x3F,0x0F,0x0E,0xDF,0x1B,0xEF,0x1C,
0x9F,0x03,
　　0xEF,0x39,0x1E,0x00,0xEF,0x37,0x3E,0x1C,0x77,0x7F,0x1C,0x1E,0xF7,0x4F,
0x2C,0x7E,
　　0xF7,0xFE,0x78,0x7F,0x77,0xD8,0x78,0xE7,0x3B,0xF8,0x79,0xD7,0x3B,0xB0,
0xF3,0x7F,
　　0x3B,0xE0,0xF3,0x76,0x3B,0x60,0xE7,0x2E,0x1B,0xC0,0xE7,0x0C,0x1B,0x80,
0xE7,0x0D,
　　0x1B,0x86,0xCF,0x0D,0x1B,0x1E,0xDF,0x19,0x1B,0x1F,0xDF,0x1B,0x1F,0x1F,
0x9E,0x1B,
　　0x1B,0x3F,0x9E,0x1B,0x1B,0x3F,0xBC,0x13,0x9B,0x7F,0x3C,0x13,0x1F,0x7F,
0x68,0x17,
　　0x9B,0x7F,0x58,0x37,0x1B,0x7F,0x70,0x36,0x9F,0x7F,0xF0,0x36,0x1F,0xFF,
0xE0,0x26,
　　0x1F,0xFF,0xE0,0x2D,0x3F,0x7F,0xC0,0x2D,0x3F,0x7D,0x80,0x2D,0x3F,0x7C,
0x80,0x3F,
　　0x3F,0x7E,0x80,0x3B,0x7F,0x7E,0x00,0x1F,0xFF,0x7F,0x00,0x1F,0xFF,0x7F,
0x00,0x3E,
　　0xFF,0x7F,0x38,0x5E,0xFF,0x3F,0x7C,0x3C,0xFF,0x3F,0xFC,0x3C,0xFF,0x3F,
0xFD,0x3D,
　　0xFF,0x3F,0xFF,0x3B,0xFF,0x9F,0xFF,0x3B,0xFF,0x9F,0xDF,0x3F,0xFF,0xDF,
0x87,0x3F,
　　0xFF,0xCF,0x07,0x3F,0xFF,0xCF,0x07,0x3E,0xFF,0xCF,0x3B,0x3C,0xFF,0x87,
0x3B,0x3C,
　　0xFF,0x87,0x3B,0x38,0xFF,0x03,0x3F,0x38,0x7F,0x01,0x3F,0x30,0x7F,0x00,
0x3F,0x70,
　　0x7F,0x00,0x1F,0x20,0x7F,0x00,0x0F,0x60,0x7F,0x00,0x00,0x60,0x7F,0x00,

## 第 5 章　自行车车轮上的 POV LED

0x00,0x60,
　　0x3F,0x00,0xC0,0x43,0x3F,0x00,0xE0,0x47,0x3F,0x00,0xF8,0x4F,0x3F,0x00,
0xF4,0x0F,
　　0x1F,0x00,0xFC,0x0F,0x1F,0x00,0xFE,0x0F,0x1F,0x00,0xFE,0x0F,0x1F,0x00,
0xFE,0x1F,
　　0x0F,0x00,0x1E,0x3F,0x0F,0x00,0xCE,0x3F,0x07,0x00,0x6F,0x78,0x03,0x00,
0x2F,0x78,
　　0x03,0x00,0x37,0x3A,0x00,0x0C,0x37,0x77,0x00,0x1E,0x37,0x3B,0x00,0x3E,
0x96,0x3F,
　　0x00,0x3E,0x96,0x1F,0x00,0x7E,0x16,0x1F,0x80,0x7F,0x36,0x0E,0x80,0xFF,
0x36,0x00,
　　0xC0,0xFF,0x36,0x00,0xC0,0xFF,0x35,0x00,0xE0,0xFF,0x3D,0x1C,0xE0,0xFF,
0x3D,0x3C,
　　0xE0,0xFF,0x2D,0x3F,0xE0,0xFF,0x7B,0x3F,0xE0,0xFF,0x7B,0xFF,0xE0,0xAF,
0x77,0xEF,
　　0xE0,0x07,0x77,0xC7,0xE0,0xF7,0xFE,0xF7,0xF0,0xFB,0xAD,0xF7,0xF0,0xBB,
0xEF,0xF6,
　　0xE0,0x1B,0x7F,0x76,0xF0,0x0B,0xDE,0x07,0xE0,0x4B,0xFC,0x0D,0xF0,0xEB,
0xB8,0x0D,
　　0xE0,0xEB,0xF8,0x0F,0xE0,0xEF,0x70,0x0F,0xE0,0xEF,0xF1,0x0B,0xE1,0xCF,
0xE1,0x1F,
　　0xE1,0xDF,0xC1,0x16,0xE1,0xFF,0xC1,0x17,0xC3,0xFF,0x81,0x15,0xC3,0xFF,
0x81,0x1F,
　　0xC3,0xFF,0x00,0x1F,0x83,0xFD,0x00,0x2E,0x07,0x7C,0x00,0x2E,0x07,0x7C,
0x00,0x2C,
　　0x07,0x3C,0x00,0x3C,0x07,0x18,0x00,0x3C,0x07,0x00,0x00,0x38,0x0F,0x00,
0x00,0x38,
　　0x0F,0x00,0x07,0x30,0x0F,0x80,0x3F,0x30,0x0F,0xC0,0x7F,0x30,0x1F,0xE0,
0xFF,0x20,
　　0x1F,0xE0,0xFF,0x23,0x1F,0xF8,0x83,0x27,0x1F,0xF8,0xFD,0x07,0x1F,0x78,
0xFE,0x0D,
　　0x3F,0x7C,0xAF,0x1B,0x3F,0x7C,0xFF,0x1F,0x3F,0xBC,0x0F,0x1F,0x3F,0xBC,
0x07,0x3C,
　　0x3F,0xBC,0x07,0x38,0x3F,0xD4,0xE3,0x3B,0x3F,0xDE,0xE3,0x33,0x7F,0xDE,
0xE3,0x27,
　　0x7F,0xDE,0xF3,0x27,0x7F,0xDA,0xE3,0x2F,0x7F,0xDA,0xE7,0x6F,0x7F,0xDA,
0x87,0x4F,
　　0x7F,0xCA,0xDF,0x4F,0x7F,0xCA,0xFF,0x4F,0x7F,0xCF,0xFF,0x47,0x7F,0x8F,

## 第5章 自行车车轮上的 POV LED

```
0xFF,0x47,

    0x00,0x00,0x00,0x00,0x00,0x00,0x00,0x00,0x00,0x00,0x00,0x00,0x00,0x00,
0x00,0x00,

    0x00,0x00,0x00,0x00,0x00,0x00,0x00,0x00,0x00,0x00,0x00,0x00,0x00,0x00,
0x00,0x00
    };

//------------------------------------------------------------
// 文件名：TU6.h
// 显示图画数据/古钱
//------------------------------------------------------------
unsigned char code TU[] =
{
    0x04,0x78,0x00,0x7E,0x08,0x78,0x00,0xFE,0x08,0x20,0x00,0xFE,0x08,0x00,
0x00,0xFE,
    0xC8,0x7F,0x0F,0x5E,0xC8,0xFF,0x0F,0x7E,0xEC,0xFF,0x07,0xBE,0xEC,0xFF,
0x07,0x7F,
    0xE8,0xDF,0x00,0xFF,0xE8,0x03,0x00,0xFF,0xE8,0x01,0x00,0xFF,0x68,0x00,
0x00,0xFE,
    0x28,0x00,0x00,0xFF,0x08,0x00,0x03,0xFF,0x08,0x80,0x07,0xFF,0x08,0xC0,
0x03,0xFF,
    0x08,0xF0,0x01,0xFF,0x18,0xF0,0x00,0xFF,0x08,0x78,0x00,0x7F,0x08,0x38,
0x00,0x9E,
    0x18,0x08,0x00,0xFF,0x18,0x00,0x00,0x7E,0x18,0x00,0x00,0xFF,0x18,0x00,
0x00,0xFE,
    0x10,0x00,0x00,0xFE,0x18,0x00,0x00,0x10,0x00,0x00,0xFF,0x30,0x00,
0x00,0xFE,
    0x30,0x00,0x00,0xFE,0x30,0x00,0x00,0xFE,0x30,0x00,0x00,0xFE,0x70,0x00,
0x00,0xFE,
    0x60,0x00,0x00,0xFE,0x60,0x00,0x00,0xFE,0x60,0x00,0x00,0xFE,0xB0,0x01,
0x00,0xF6,
    0xB0,0x01,0x00,0xFE,0x90,0x01,0x00,0xFE,0x90,0x01,0x00,0xFE,0x90,0x01,
0x00,0xFE,
    0xD0,0x00,0x00,0xFE,0xC0,0x00,0x00,0xFE,0xC0,0x00,0x00,0xFE,0xC0,0x00,
0x00,0xFE,
    0x80,0x00,0x00,0xFE,0x80,0x00,0x00,0xFA,0x80,0x00,0x00,0xFE,0x00,0x00,
0x00,0xFE,
```

0x00, 0x00, 0x00, 0xFE, 0x00, 0x00, 0x00, 0xFE, 0x00, 0x00, 0x00, 0xFE, 0x00, 0x00,
0x00, 0xFE,
0x00, 0x30, 0x00, 0xFE, 0x00, 0x7A, 0x08, 0xFE, 0x00, 0xFE, 0x2C, 0xFE, 0x00, 0x9E,
0x6C, 0xFE,
0x00, 0x0E, 0x6C, 0xFE, 0x00, 0x0F, 0x64, 0xFE, 0x00, 0x1F, 0x64, 0xFE, 0x00, 0x3B,
0x24, 0xFE,
0x00, 0x71, 0x06, 0xFE, 0x80, 0xE1, 0x06, 0xFE, 0x80, 0x81, 0x1F, 0xEE, 0x80, 0x00,
0x7F, 0xFE,
0x80, 0x00, 0x7E, 0xFE, 0x80, 0x18, 0xE6, 0xFE, 0x80, 0x5C, 0x02, 0xFE, 0x48, 0x9F,
0x02, 0xFE,
0x48, 0x47, 0x02, 0xFE, 0x08, 0x13, 0x02, 0xFE, 0x08, 0x51, 0x02, 0xFE, 0x08, 0x99,
0x02, 0xFE,
0x08, 0x11, 0x02, 0xFE, 0x08, 0x51, 0x02, 0xFE, 0x08, 0x99, 0x02, 0xFE, 0x08, 0x1B,
0x02, 0xFE,
0x08, 0x1F, 0x02, 0xFF, 0x08, 0x9F, 0x07, 0xFE, 0x08, 0xDF, 0x07, 0xFF, 0x08, 0xFF,
0x07, 0xFE,
0x08, 0xFF, 0x00, 0xFE, 0x18, 0x72, 0x00, 0xFE, 0x10, 0x38, 0x00, 0xFE, 0x10, 0x18,
0x00, 0xFE,
0x10, 0x18, 0x00, 0xFE, 0x10, 0x18, 0x00, 0xFE, 0x10, 0x08, 0x00, 0xFE, 0x30, 0x0C,
0x00, 0xFE,
0x30, 0x0C, 0x00, 0xFE, 0x30, 0x04, 0x00, 0xFE, 0x30, 0x04, 0x00, 0xFE, 0x30, 0x04,
0x00, 0xFE,
0x20, 0x04, 0x00, 0xFE, 0x20, 0x04, 0x00, 0xFE, 0x60, 0x04, 0x00, 0xFE, 0x60, 0x00,
0x00, 0xF8,
0x60, 0x00, 0x00, 0xEC, 0x60, 0x00, 0x00, 0xFC, 0x60, 0x00, 0x00, 0xDE, 0x60, 0x00,
0x00, 0xFE,
0x60, 0x00, 0x01, 0xFA, 0x60, 0x00, 0x00, 0xFE, 0x20, 0x00, 0x00, 0xFE, 0x30, 0x02,
0x00, 0xFA,
0x30, 0x07, 0x00, 0xFC, 0xB0, 0x07, 0x00, 0xFC, 0xB0, 0x0F, 0x00, 0xFE, 0xB0, 0x0D,
0x00, 0xFC,
0x90, 0x99, 0x02, 0xFE, 0x90, 0xB1, 0x03, 0xFC, 0x10, 0xE1, 0x03, 0xFE, 0x10, 0xC1,
0x01, 0xFC,
0x10, 0x84, 0x03, 0xFE, 0x10, 0x0C, 0x07, 0xFE, 0x18, 0x5C, 0x0E, 0xFE, 0x18, 0x78,
0x18, 0xFE,
0x18, 0x72, 0x70, 0xFE, 0x18, 0x5A, 0x43, 0xFE, 0x18, 0xDE, 0x4F, 0xFE, 0x08, 0x1C,
0x5E, 0xFE,
0x08, 0xFA, 0xD6, 0xFC, 0x08, 0xFA, 0x47, 0xFC, 0x08, 0x4A, 0x07, 0xFC, 0x08, 0x4A,
0x1F, 0xFC,

## 第 5 章　自行车车轮上的 POV LED

　　0x08,0x5A,0x06,0xFE,0x08,0x7B,0x06,0xFA,0x08,0xE3,0x1F,0xF8,0x08,0x03,
0x1F,0xF6,

　　0x08,0x02,0x00,0xFE,0x08,0xF2,0x07,0xFE,0x08,0xF0,0x07,0xFC,0x08,0x10,
0x06,0xFE,

　　0x08,0x50,0x07,0xFE,0x08,0xE8,0x07,0xF8,0x08,0x00,0x06,0xFC,0x08,0x10,
0x07,0xFC,

　　0x08,0xD0,0x07,0xFC,0x08,0x50,0x04,0xF8,0x08,0x10,0x04,0xFE,0x08,0x90,
0x07,0xF8,

　　0x08,0xF0,0x08,0xFE,0x08,0x70,0x1C,0xFE,0x18,0x30,0x3C,0xFC,0x10,0x20,
0x70,0xFC,

　　0x10,0x60,0x00,0xFC,0x10,0x60,0x00,0xFE,0x10,0x60,0x00,0xFC,0x10,0x20,
0x00,0xF8,

　　0x10,0x20,0x00,0xFA,0x10,0x20,0x00,0xFC,0x10,0x20,0x00,0xFE,0x30,0x20,
0x00,0xFE,

　　0x20,0x20,0x00,0xEE,0x20,0x00,0x00,0xEE,0x20,0x00,0x00,0xFE,0x00,0x00,
0x00,0xFE,

　　0x20,0x00,0x00,0xFA,0x20,0x00,0x00,0xFE,0x20,0x00,0x00,0xFE,0x20,0x00,
0x00,0xFE,

　　0x20,0x00,0x00,0xFE,0x20,0x00,0x00,0xFE,0x20,0x00,0x00,0xFE,0x30,0x00,
0x00,0xFE,

　　0x10,0x00,0x00,0xFE,0x10,0x00,0x00,0xFE,0x10,0x00,0x00,0xFE,0x10,0x08,
0x00,0xFE,

　　0x10,0x08,0x00,0xFE,0x10,0x18,0x00,0xFF,0x88,0x18,0x00,0xFE,0x88,0x30,
0x00,0xFE,

　　0x88,0x30,0x00,0xFE,0xA8,0x62,0x00,0xFE,0xE8,0x42,0x00,0xFE,0xE8,0x42,
0x00,0xFF,

　　0xE8,0x4A,0x00,0xFF,0xC8,0x6A,0x00,0xFF,0xCC,0x6B,0x00,0xFE,0xCC,0x6F,
0x00,0xFF,

　　0x4C,0x3F,0x00,0xEE,0x4C,0x3F,0x40,0xFE,0x44,0xFD,0x40,0xFF,0x44,0x7D,
0x41,0xFF,

　　0x44,0x75,0x47,0xFF,0x4C,0x75,0x47,0xFF,0x14,0x55,0x75,0xFE,0x34,0x55,
0x35,0xFE,

　　0x34,0x50,0x35,0xFF,0xF4,0x51,0x35,0xFF,0xF4,0x57,0x24,0xFE,0xF4,0x5F,
0x24,0xFE,

　　0xF4,0xFF,0x20,0xFF,0xE4,0x55,0x2D,0xFF,0x04,0x54,0x3D,0xFF,0x04,0x55,
0x2F,0xFF,

　　0x04,0xD5,0x67,0x76,0x44,0xD5,0x63,0x4D,0x44,0x95,0x40,0x7E,0x44,0x15,
0x40,0xFF,

0x4C, 0x1D, 0x40, 0xDE, 0x4C, 0x1F, 0x40, 0xFF, 0xCC, 0x3F, 0x00, 0xFF, 0xEC, 0x3F, 0x00, 0xFF,

0xEC, 0x2F, 0x00, 0xFF, 0xEC, 0x29, 0x00, 0xFF, 0x6C, 0x20, 0x00, 0xFF, 0x6C, 0x62, 0x00, 0xFF,

0xE8, 0x62, 0x00, 0x7F, 0xA8, 0x60, 0x00, 0xFF, 0x88, 0x30, 0x00, 0xFF, 0x88, 0x30, 0x00, 0xFF,

0x08, 0x38, 0x00, 0xFF, 0x08, 0x18, 0x00, 0x7F, 0x08, 0x00, 0x00, 0x7F, 0x08, 0x00, 0x00, 0xFF,

0x18, 0x00, 0x00, 0xFF, 0x18, 0x00, 0x00, 0xFF, 0x10, 0x00, 0x00, 0xFF, 0x10, 0x00, 0x00, 0xFF,

0x30, 0x00, 0x80, 0xFF, 0x10, 0x00, 0x00, 0xFF, 0x30, 0x00, 0x00, 0xFF, 0x30, 0x00, 0x00, 0xFF,

0x30, 0x00, 0x00, 0xFF, 0x30, 0x00, 0x80, 0xFF, 0x30, 0x00, 0x00, 0xFF, 0x30, 0x00, 0x00, 0xFF,

0x30, 0x00, 0x00, 0xFF, 0x10, 0x00, 0x00, 0xFF, 0x10, 0x00, 0x00, 0xFF, 0x10, 0x00, 0x00, 0xFF,

0x10, 0x00, 0x00, 0xFF, 0x18, 0x00, 0x00, 0xFF, 0x18, 0x01, 0x00, 0xFF, 0x18, 0x00, 0x00, 0xFE,

0x18, 0x01, 0x00, 0xFF, 0x08, 0x01, 0x00, 0xFF, 0x08, 0x03, 0x00, 0xFE, 0x08, 0x03, 0x00, 0xFF,

0x08, 0x02, 0x00, 0xFE, 0x08, 0x02, 0x00, 0xFE, 0x08, 0x82, 0x07, 0xFF, 0x08, 0xC6, 0x3F, 0x7E,

0x08, 0xC6, 0x7F, 0xFE, 0x08, 0x66, 0xE0, 0x7E, 0x08, 0x64, 0xC0, 0x7E, 0x08, 0x64, 0x40, 0xFE,

0x08, 0x6C, 0x40, 0x7C, 0x08, 0x6C, 0x40, 0x7E, 0x08, 0x6C, 0x00, 0xB6, 0x08, 0x6C, 0x00, 0x9A,

0x08, 0x6C, 0x00, 0xFE, 0x08, 0x78, 0x00, 0xFE, 0x08, 0x78, 0x00, 0xFE, 0x08, 0x78, 0x00, 0xFE,

0x00, 0x00, 0x00, 0x00, 0x00, 0x00, 0x00, 0x00, 0x00, 0x00, 0x00, 0x00, 0x00, 0x00, 0x00, 0x00,

0x00, 0x00, 0x00, 0x00, 0x00, 0x00, 0x00, 0x00, 0x00, 0x00, 0x00, 0x00, 0x00, 0x00, 0x00, 0x00
};

//------------------------------------------------
// 文件名：TU10.h
// 显示图画数据/五星

## 第 5 章 自行车车轮上的 POV LED

```c
//-----------------------------------------------
unsigned char code TU[] =
{
    0xE0,0x7F,0x00,0x00,0xC0,0xFF,0x00,0x00,0xC0,0xFF,0x01,0x00,0x80,0xFF,
0x01,0x00,
    0x80,0xFF,0x03,0x00,0x80,0xFF,0x07,0x00,0x00,0xFF,0x0F,0x00,0x00,0xFF,
0x1F,0x00,
    0x00,0xFE,0x7F,0x00,0x00,0xFC,0xFF,0x00,0x00,0xF8,0xFF,0x03,0x00,0xF0,
0xFF,0x0F,
    0x00,0xE0,0xFF,0x7F,0x00,0xF0,0xFF,0x7F,0x00,0xF8,0xFF,0x0F,0x00,0xFC,
0xFF,0x03,
    0x00,0xFE,0xFF,0x00,0x00,0xFF,0x7F,0x00,0x00,0xFF,0x1F,0x00,0x80,0xFF,
0x0F,0x00,
    0x80,0xFF,0x07,0x00,0xC0,0xFF,0x03,0x00,0xC0,0xFF,0x01,0x00,0xE0,0xFF,
0x00,0x00,
    0xE0,0x7F,0x00,0x00,0xE0,0x7F,0x00,0x00,0xF0,0x3F,0x00,0x00,0xF0,0x1F,
0x00,0x00,
    0xF0,0x1F,0x00,0x00,0xF0,0x0F,0x00,0x00,0xF8,0x0F,0x00,0x00,0xF8,0x07,
0x00,0x00,
    0xF8,0x07,0x00,0x00,0xF8,0x07,0x00,0x00,0xF8,0x03,0x00,0x00,0xFC,0x03,
0x00,0x00,
    0xFC,0x03,0x00,0x00,0xFC,0x01,0x00,0x00,0xFC,0x01,0x00,0x00,0xFC,0x01,
0x00,0x00,
    0xFC,0x03,0x00,0x00,0xF8,0x03,0x00,0x00,0xF8,0x07,0x00,0x00,0xF8,0x07,
0x00,0x00,
    0xF8,0x07,0x00,0x00,0xF8,0x0F,0x00,0x00,0xF8,0x0F,0x00,0x00,0xF0,0x0F,
0x00,0x00,
    0xF0,0x1F,0x00,0x00,0xF0,0x1F,0x00,0x00,0xF0,0x3F,0x00,0x00,0xF0,0x7F,
0x00,0x00,
    0xE0,0x7F,0x00,0x00,0xE0,0xFF,0x00,0x00,0xC0,0xFF,0x01,0x00,0xC0,0xFF,
0x01,0x00,
    0xC0,0xFF,0x07,0x00,0x80,0xFF,0x07,0x00,0x80,0xFF,0x1F,0x00,0x00,0xFF,
0x3F,0x00,
    0x00,0xFE,0xFF,0x00,0x00,0xFE,0xFF,0x01,0x00,0xF8,0xFF,0x07,0x00,0xF0,
0xFF,0x1F,
    0x00,0xE0,0xFF,0x7F,0x00,0xE0,0xFF,0x1F,0x00,0xF8,0xFF,0x07,0x00,0xFC,
0xFF,0x03,
    0x00,0xFC,0xFF,0x00,0x00,0xFE,0x3F,0x00,0x00,0xFF,0x1F,0x00,0x80,0xFF,
```

## 第 5 章 自行车车轮上的 POV LED

0x0F,0x00,
    0x80,0xFF,0x07,0x00,0x80,0xFF,0x03,0x00,0xC0,0xFF,0x01,0x00,0xC0,0xFF,
0x00,0x00,
    0xE0,0x7F,0x00,0x00,0xE0,0x7F,0x00,0x00,0xE0,0x3F,0x00,0x00,0xE0,0x3F,
0x00,0x00,
    0xF0,0x1F,0x00,0x00,0xF0,0x0F,0x00,0x00,0xF0,0x0F,0x00,0x00,0xF0,0x0F,
0x00,0x00,
    0xF8,0x07,0x00,0x00,0xF8,0x07,0x00,0x00,0xF8,0x07,0x00,0x00,0xF8,0x03,
0x00,0x00,
    0xF8,0x03,0x00,0x00,0xF8,0x03,0x00,0x00,0xF8,0x01,0x00,0x00,0xFC,0x01,
0x00,0x00,
    0xFC,0x03,0x00,0x00,0xFC,0x03,0x00,0x00,0xF8,0x03,0x00,0x00,0xF8,0x07,
0x00,0x00,
    0xF8,0x07,0x00,0x00,0xF8,0x07,0x00,0x00,0xF8,0x0F,0x00,0x00,0xF0,0x0F,
0x00,0x00,
    0xF0,0x1F,0x00,0x00,0xF0,0x1F,0x00,0x00,0xF0,0x3F,0x00,0x00,0xE0,0x7F,
0x00,0x00,
    0xE0,0x7F,0x00,0x00,0xE0,0xFF,0x00,0x00,0xC0,0xFF,0x01,0x00,0xC0,0xFF,
0x03,0x00,
    0x80,0xFF,0x07,0x00,0x80,0xFF,0x0F,0x00,0x00,0xFF,0x1F,0x00,0x00,0xFF,
0x7F,0x00,
    0x00,0xFE,0xFF,0x00,0x00,0xFC,0xFF,0x03,0x00,0xF8,0xFF,0x0F,0x00,0xF0,
0xFF,0x7F,
    0x00,0xC0,0xFF,0x7F,0x00,0xE0,0xFF,0x0F,0x00,0xF8,0xFF,0x03,0x00,0xF8,
0xFF,0x00,
    0x00,0xFC,0x7F,0x00,0x00,0xFE,0x3F,0x00,0x00,0xFF,0x1F,0x00,0x00,0xFF,
0x07,0x00,
    0x80,0xFF,0x07,0x00,0x80,0xFF,0x03,0x00,0x80,0xFF,0x01,0x00,0xC0,0xFF,
0x00,0x00,
    0xC0,0x7F,0x00,0x00,0xC0,0x7F,0x00,0x00,0xE0,0x3F,0x00,0x00,0xE0,0x1F,
0x00,0x00,
    0xE0,0x1F,0x00,0x00,0xF0,0x0F,0x00,0x00,0xF0,0x0F,0x00,0x00,0xF0,0x0F,
0x00,0x00,
    0xF0,0x07,0x00,0x00,0xF8,0x07,0x00,0x00,0xF8,0x07,0x00,0x00,0xF8,0x03,
0x00,0x00,
    0xF8,0x03,0x00,0x00,0xF8,0x03,0x00,0x00,0xF8,0x03,0x00,0x00,0xF8,0x03,
0x00,0x00,
    0xF8,0x03,0x00,0x00,0xF8,0x07,0x00,0x00,0xF8,0x07,0x00,0x00,0xF0,0x07,

## 第 5 章 自行车车轮上的 POV LED

0x00,0x00,
0xF0,0x0F,0x00,0x00,0xF0,0x0F,0x00,0x00,0xF0,0x1F,0x00,0x00,0xF0,0x1F,
0x00,0x00,
0xE0,0x3F,0x00,0x00,0xE0,0x3F,0x00,0x00,0xE0,0x7F,0x00,0x00,0xC0,0xFF,
0x00,0x00,
0xC0,0xFF,0x01,0x00,0xC0,0xFF,0x01,0x00,0x80,0xFF,0x03,0x00,0x00,0xFF,
0x07,0x00,
0x00,0xFF,0x1F,0x00,0x00,0xFE,0x3F,0x00,0x00,0xFC,0x7F,0x00,0x00,0xFC,
0xFF,0x01,
0x00,0xF8,0xFF,0x03,0x00,0xF0,0xFF,0x0F,0x00,0xE0,0xFF,0x7F,0x00,0xC0,
0xFF,0x7F,
0x00,0xF0,0xFF,0x1F,0x00,0xF8,0xFF,0x07,0x00,0xFC,0xFF,0x01,0x00,0xFC,
0x7F,0x00,
0x00,0xFE,0x3F,0x00,0x00,0xFF,0x0F,0x00,0x00,0xFF,0x0F,0x00,0x80,0xFF,
0x03,0x00,
0x80,0xFF,0x01,0x00,0xC0,0xFF,0x01,0x00,0xC0,0xFF,0x00,0x00,0xC0,0x7F,
0x00,0x00,
0xE0,0x7F,0x00,0x00,0xE0,0x3F,0x00,0x00,0xE0,0x3F,0x00,0x00,0xF0,0x1F,
0x00,0x00,
0xF0,0x1F,0x00,0x00,0xF0,0x0F,0x00,0x00,0xF0,0x0F,0x00,0x00,0xF0,0x07,
0x00,0x00,
0xF0,0x07,0x00,0x00,0xF8,0x07,0x00,0x00,0xF8,0x03,0x00,0x00,0xF8,0x03,
0x00,0x00,
0xF8,0x03,0x00,0x00,0xF8,0x03,0x00,0x00,0xF8,0x03,0x00,0x00,0xF0,0x07,
0x00,0x00,
0xF0,0x07,0x00,0x00,0xF0,0x07,0x00,0x00,0xF0,0x0F,0x00,0x00,0xF0,0x0F,
0x00,0x00,
0xF0,0x1F,0x00,0x00,0xF0,0x1F,0x00,0x00,0xE0,0x3F,0x00,0x00,0xE0,0x3F,
0x00,0x00,
0xE0,0x7F,0x00,0x00,0xC0,0x7F,0x00,0x00,0xC0,0xFF,0x00,0x00,0xC0,0xFF,
0x01,0x00,
0x80,0xFF,0x01,0x00,0x00,0xFF,0x03,0x00,0x00,0xFF,0x0F,0x00,0x00,0xFE,
0x1F,0x00,
0x00,0xFE,0x3F,0x00,0x00,0xFC,0xFF,0x00,0x00,0xF8,0xFF,0x01,0x00,0xF0,
0xFF,0x07,
0x00,0xE0,0xFF,0x1F,0x00,0xE0,0xFF,0x7F,0x00,0xF0,0xFF,0x7F,0x00,0xF8,
0xFF,0x0F,
0x00,0xFC,0xFF,0x03,0x00,0xFE,0xFF,0x00,0x00,0xFE,0x7F,0x00,0x00,0xFF,

```
    0x3F,0x00,
        0x00,0xFF,0x0F,0x00,0x80,0xFF,0x07,0x00,0xC0,0xFF,0x03,0x00,0xC0,0xFF,
    0x01,0x00,
        0xC0,0xFF,0x01,0x00,0xE0,0x7F,0x00,0x00,0xE0,0x7F,0x00,0x00,0xF0,0x3F,
    0x00,0x00,
        0xF0,0x3F,0x00,0x00,0xF0,0x1F,0x00,0x00,0xF0,0x0F,0x00,0x00,0xF0,0x0F,
    0x00,0x00,
        0xF8,0x0F,0x00,0x00,0xF8,0x07,0x00,0x00,0xF8,0x07,0x00,0x00,0xF8,0x07,
    0x00,0x00,
        0xF8,0x03,0x00,0x00,0xFC,0x03,0x00,0x00,0xFC,0x03,0x00,0x00,0xF8,0x03,
    0x00,0x00,
        0xF8,0x03,0x00,0x00,0xF8,0x03,0x00,0x00,0xF8,0x03,0x00,0x00,0xF8,0x07,
    0x00,0x00,
        0xF8,0x07,0x00,0x00,0xF0,0x0F,0x00,0x00,0xF0,0x0F,0x00,0x00,0xF0,0x0F,
    0x00,0x00,
        0xF0,0x1F,0x00,0x00,0xE0,0x1F,0x00,0x00,0xE0,0x3F,0x00,0x00,0xE0,0x7F,
    0x00,0x00,

        0x00,0x00,0x00,0x00,0x00,0x00,0x00,0x00,0x00,0x00,0x00,0x00,0x00,0x00,
    0x00,0x00,
        0x00,0x00,0x00,0x00,0x00,0x00,0x00,0x00,0x00,0x00,0x00,0x00,0x00,0x00,
    0x00,0x00
    };
```

## 5.5 后　记

将 LED POV 显示装置安装在自行车车轮上，实际使用效果并不怎么理想，这主要有两个方面的问题：一是转速变化大，二是转速较低。

虽说用了自适应旋转调节方式使得显示效果改善了许多，但由于转速低的问题，显示效果仍不能让人满意。改进的方法是同时控制 3~4 个均匀分布在车轮上的显示条协作完成。

# 第 6 章

# 手拨 POV 显示摇摆时钟

## 6.1 引　言

你只要留意一下,就可看到市场上各种式样的摇摆钟或信息钟(国外称 Message LED Clock)在出售,如图 6-1 所示。

图 6-1　摇摆钟或信息钟

这看似神奇的玩意,其实就是一个自动摆动的摇摇棒,动手制作类似的摇摆钟应该不难,只是摇摆机构的制作有些麻烦。

下面介绍的手拨 POV 显示摇摆钟,则利用带有弹性的金属杆的惯性来回摆动来显示信息,省去复杂摇摆机构。

这个摇摆钟除能显示时、分、秒和年、月、日信息,还能显示预设的英文字符。

由于巧妙地使用传感器,使得无论从任何方向拨动摇杆,都能正常显示,给人一种非常神奇的效果。

本章的 POV 项目如表 6-1 所列。

# 第6章 手拨POV显示摇摆时钟

表6-1 POV制作项目之五：手拨POV显示摇摆时钟

| POV项目 | 手拨POV显示摇摆时钟 |
| --- | --- |
| 发光体 | 8只单色LED |
| 运动方式 | 往复运动 |
| 供电方式 | 外接电源 |
| 传感器 | 压电陶瓷片 |
| 主控芯片 | AT89S52 |
| 调控方式 | 按键 |
| 功能 | 显示年、月、日及时、分、秒并能显示字符 |

(1) 单片机：主控芯片选用AT89S52，自带在线编程功能(ISP)可方便下载调试。

(2) LED：考虑安装紧凑并方便手工焊接，LED采用RGB三色贴片封装3528(1210)，只用其中的一种颜色。

(3) 按键：因不受体积限制，采用尺寸较大的按键，方便使用。

(4) 传感器：由于在一根细杆上安装传感器几乎是不可能的，故换了一下思路，将摇杆安装在变形的铁片上，利用压电陶瓷片变形而产生电信号感知摇杆的运动状态。

(5) 时钟芯片：由于单片机采用的是AT89S52，有足够的端口，采用系统失电仍能正常走时的芯片DS12C887。

(6) 供电方式：虽采取的是外接电源方式，在其两铁块之间预留有安放电池的空间，可改为电池供电。

(7) 功能：共有3种显示模式：

① 按XX:XX:XX形式显示时、分、秒。

② 按XX/XX/XX形式显示年、月、日。

③ 可按预设，显示8~12个英文字符。

各模式的转换分为两种方式：一种是轮显式，按依次显示顺序拨动一次，显示一次；另一种是指定式，通过按键指定上列3种显示模式之一。

## 6.2 系统构成

### 6.2.1 系统状态转移图

**1. 显示与调整**

系统分正常显示状态和调整状态,并通过 C 键进行各状态之间的转换。其状态转移图如图 6-2 所示。

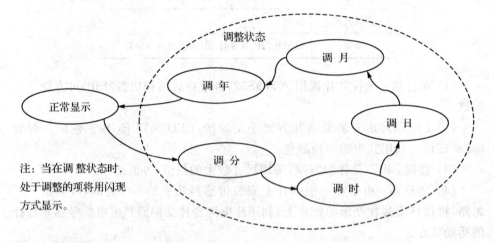

注:当在调整状态时,处于调整的项将用闪现方式显示。

图 6-2 正常显示与调整状态转移图

**2. 正常显示的三种模式**

在正常显示时,可显示时、分、秒和年、月、日以及英文字符,按依次显示方式,也可采用指定显示方式。其之间的状态转移图如图 6-3 所示。

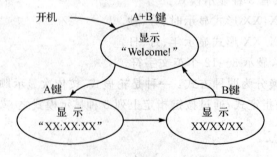

图 6-3 正常显示的三种状态转移图

当采用指定方式显示时,按 A 键直接进入显示时、分、秒模式,按 B 键直接进入显示年、月、日模式,同时按 A、B 两键,则显示欢迎画面"Welcome!"。

### 6.2.2 系统框图

手拨 POV 显示摇摆时钟系统框图如图 6-4 所示。

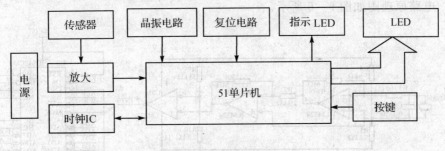

图 6-4 系统框图

### 6.2.3 系统硬件结构草图

系统硬件结构草图如图 6-5 所示。

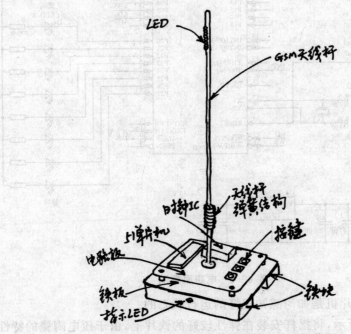

图 6-5 手拨 POV 显示摇摆时钟硬件结构草图

## 6.3 硬件制作

### 6.3.1 电路原理图及电路说明

电路原理图如图6-6所示。

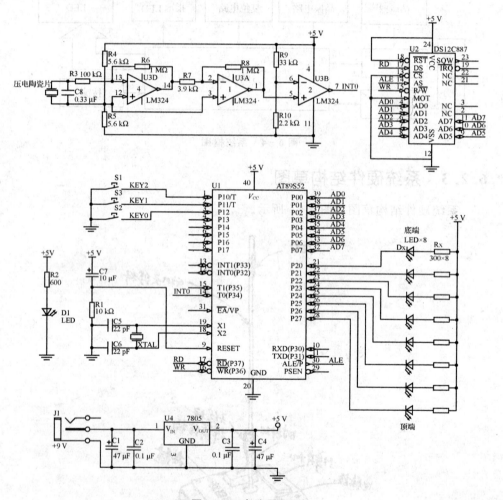

图6-6 电路原理图

我们来看单片机是如何感知摇杆的运行状态的。

如图6-7所示,将摇杆安装在弹性较好的铁片上,由于压电陶瓷的特性,贴

## 第 6 章　手拨 POV 显示摇摆时钟

在铁片上的压电陶瓷片会随着铁片变形产生电压,而且变形的方向不同产生的电压也有正有负。当摇杆运动到摆幅的两端时,就会有一个正负电压互相转换的过程,经运放 U3D 及 U3A 两级放大后,经过比较器 U3B 整形,作为 51 单片机的中断信号,以此感应摇棒的运动状态。

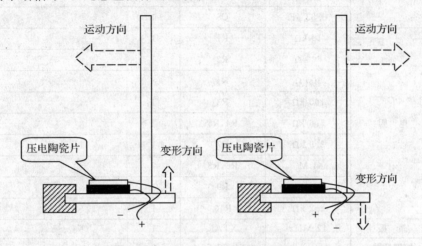

图 6-7　压电陶瓷片感应原理

当产生的电压由正到负时,单片机就会有一个有效的中断信号,而由负到正时,则为无效。这样一来,直接的结果是:无论摇杆从什么方向拨动,单片机都能感知摇杆的运行方向,正常显示信息。

### 6.3.2　元件清单及主要元件说明

表 6-2　手拨 POV 显示摇摆时钟电路元件清单

| 元器件 | 规格或型号 | 图中编号 | 数量 | 说　　明 |
|---|---|---|---|---|
| 单片机 | AT89C2051 | U1 | 1 | 双列直插封装 |
| 时钟 IC | DS12C887 | U2 | 1 | 双列直插封装 |
| 四运放 | LM324 | U3 | 1 | 双列直播封装 |
| 三端稳压器 | 7805 | U4 | 1 | |
| LED | RGB 3528 | Dx | 8 | 贴片封装,只用其中一色 |
| LED | $\phi 5$ mm | D1 | 1 | |
| 电解电容 | 10 $\mu$F | C7 | 1 | |
| | 47 $\mu$F | C1,C4 | 2 | |

# 第6章 手拨POV显示摇摆时钟

续表6-2

| 元器件 | 规格或型号 | 图中编号 | 数量 | 说明 |
|---|---|---|---|---|
| 电容 | 30 pF | C5,C6 | 2 | |
| | 0.1 μF | C2,C3 | 2 | |
| | 0.33 μF | C8 | 1 | |
| 电阻 | 10 kΩ | R1 | 1 | |
| | 600 Ω | R2 | 1 | |
| | 300 Ω | Rx | 8 | |
| | 100 kΩ | R3 | 1 | |
| | 5.6 kΩ | R4,R5 | 2 | |
| | 3.9 kΩ | R7 | 1 | |
| | 1 M | R6,R8 | 2 | |
| | 33 kΩ | R9 | 1 | |
| | 2.2 kΩ | R10 | 1 | |
| 晶振 | 12 MHz | XTAL | 1 | |
| 按键开关 | | S1,S2,S3 | 3 | |
| 其他 | GSM天线,热缩管,压电陶瓷片,铁片,铁块等 | | | |

## 1. 压电陶瓷片

这里用的压电陶瓷片是原来作为电子发音器件使用的,当在两片电极上面接通交流音频信号时,压电片会根据信号的大小频率发生振动而产生相应的声音来。压电陶瓷片由于结构简单,造价低廉,被广泛地应用于电子电器方面如:玩具、发音电子表、电子仪器、电子钟表、定时器等,如图6-8所示。

其实,压电陶瓷片是电能与机械能可以互换的,也就是说,如对压电陶瓷片施加压力或拉力,在它的两端会产生电荷,通过回路而形成

图6-8 可作为传感器的压电陶瓷片

电流。当外力去掉后,它又会恢复到不带电的状态。当作用力的方向改变时,电荷的极性也随之改变。

## 2. DS12C887

DS12C887 是由美国达拉斯半导体公司推出的 CMOS 并行实时时钟芯片，它将时钟电路、晶振及其外围电路、锂电池及其相关电路等嵌装成一体，并具有与微处理器的并行接口，可方便地用于对时钟精度要求较高的项目中。

DS12C887 的主要功能特点：

(1) 内含锂电池。当外电源电压降到 3 V 以下时，时钟自动将电源切换到由芯片内部锂电池供电，在外电源断电的情况下，时钟可以连续运行 10 年而不丢失数据。

(2) 具有秒、分、时、日、月、年、世纪、星期计时及闰年自动校正功能。

(3) 可根据用户需要选择 24/12 h 运行方式和夏令时运行方式。

(4) 由硬件选择 MOTOROLA 和 INTEL 总线时序，便于和不同的微处理器相连接。

(5) 内含 128 字节掉电保持 RAM 单元，其中 10 字节用于存储时钟日历和报警信息，4 字节用于状态控制寄存器，其余 114 字节供用户存储需要掉电保持的信息和数据。

(6) 有 3 个可编程中断源，可与各种微处理器中断系统相连接。

(7) 有一个可编程方波信号输出引脚，根据用户需要输出不同频率的方波信号。

DS12C887 的外形图如图 6-9 所示，引脚图如图 6-10 所示。

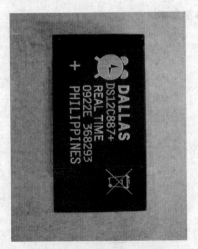

图 6-9 DS12C887 外形图

图 6-10 DS12C887 引脚图

# 第6章 手拨POV显示摇摆时钟

对初学者或业余爱好者来说,可以不去理会各引脚的具体功能。实际上有了驱动DS12C887的C语言程序,我们只需知道在编程中如何读写DS12C887就可以了。至于片内资源,等在实际制作中出现问题后有针对性地去了解就可以了。

### 3. LM324

LM324是由4个运算放大器集成在一起的电路,由于价格便宜,可单电源工作,而且电压范围宽(3.0~32 V),因此被广泛应用。

其引脚图如图6-11所示。

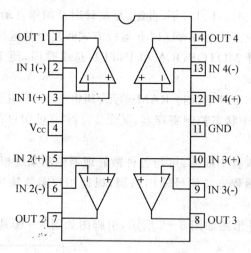

图6-11 LM324引脚图

## 6.3.3 制作概要

### 1. 摇杆的选用

本制作的核心部件是GSM天线杆,这类天线有好几种,尽量选尺寸较大的,这里用的天线杆长约30 cm,如图6-12所示。

### 2. LED的安装制作

将贴片封装的LED安装在一根细杆上,在制作和焊接上需要一些技巧,有必要详细介绍制作步骤:

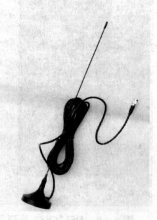

图6-12 GSM天线

(1) 找一段较粗的铜导线,将导线两端穿过万用板过孔并焊牢,如图 6-13 所示。

(2) 仔细将 LED 焊接在导线上,注意 LED 的引脚定义,如图 6-14 所示。

图 6-13 在万用板上的导线

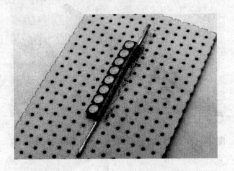

图 6-14 将 LED 焊在导线上

(3) 将焊好的 LED 取下,然后用细导线固定在 GSM 天线杆上,并焊牢,如图 6-15 和图 6-16 所示。

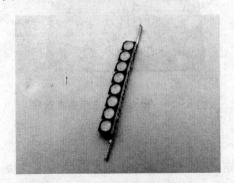

图 6-15 将焊好的 LED 取下

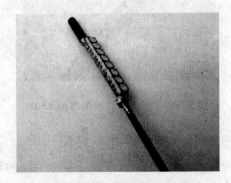

图 6-16 将 LED 固定在摇杆上

(4) 用细漆包线作导线,将 LED 的另一端引出,如图 6-17 所示。

(5) 然后用热缩管将摇杆完全包住,如图 6-18 所示。

(6) 最后用工艺刀雕刻包住 LED 的部位,让 LED 发光面露出来,如图 6-19 所示。

### 3. 底座铁片的加工

底座铁片在本制作中起到非常重要的作用:一方面,在结构上,几乎所有部件都与它相连,是整个构架的核心部件;另一方面,压电陶瓷片是通过它感知摇杆运动状态的。因此,制作底座铁片的选材尽量选用尺寸较厚且弹性较好的,加工的关键部位是在其上面开一个U形槽,如图6-20所示。

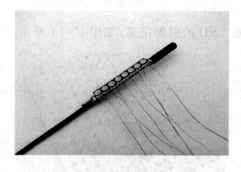

图6-17 用细漆包线引出LED的另一端

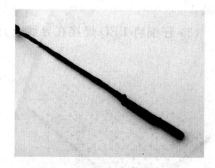

图6-18 用热缩管包住摇杆

图6-19 用工艺刀加工露出LED

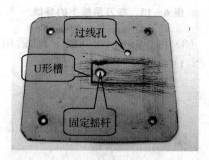

图6-20 作为核心部件底座铁片

**4. 底座的结构与装配**

在摇杆运动时,要保证整个系统的稳定,须加重底座的重量,因此,用两铁块作为底座的加重部分(见图6-21),而两铁块之间形成的空间还可安置其他部件,如电池等。装配好的底座如图6-22所示。

**5. 传感器的安装**

用万能胶将压电陶瓷片粘贴在铁片U形槽的U形口部位,如图6-23所示,粘贴前要对铁片粘贴部位进行清理,使压电陶瓷片与铁片紧密结合在一起。

这里要注意的是:对压电陶瓷片的焊接是比较头疼的事,用常规的一般方法是无法在压电陶瓷片上进行焊接的,可采用不锈钢助焊剂进行焊接。

## 6. 电路板及元件布局

电路板通过4只螺柱直接安装在底座铁片上,中心开孔可适当大一些,以使摇杆摇摆时不接触为宜,如图6-24所示。

图6-21 加重铁块与塑胶脚垫

图6-22 装配好的底座

图6-23 传感器粘贴的部位

图6-24 电路板及元件布局

由于将电路板安装在底座铁片上,掩盖了传感器部分,让运行中的这个摇摆时钟,增添了几分神奇的效果。

### 6.3.4 完成图

图6-25所示为制作完成后的整体图。

# 第6章 手拨POV显示摇摆时钟

图 6-25 完成后的整体图

## 6.4 软件设计

主程序流程框图如图 6-26 所示。
键盘处理程序 1 的流程框图如图 6-27 所示。
键盘处理程序 2 的流程框图如图 6-28 所示。

从拨动摇杆开始到摇杆静止的整个过程来看,并不都适合显示信息。一方面,刚开始时,从传感器得到的信号处于不稳定状态,使显示混乱;另一方面,当摆幅减小到一定程度的时候,显示的信息就无法识别。因此,适合显示状态,只是整个过程的一小部分。

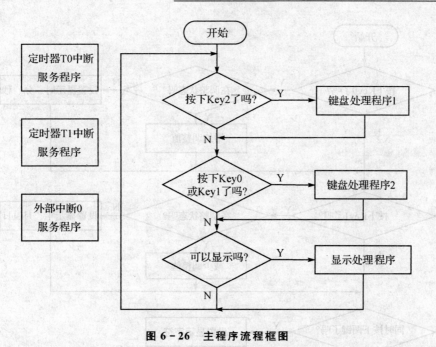

图 6-26 主程序流程框图

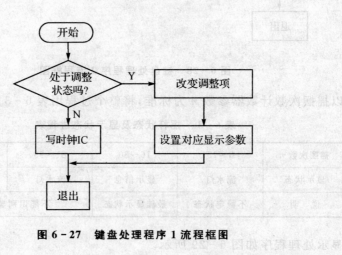

图 6-27 键盘处理程序 1 流程框图

## 第6章 手拨POV显示摇摆时钟

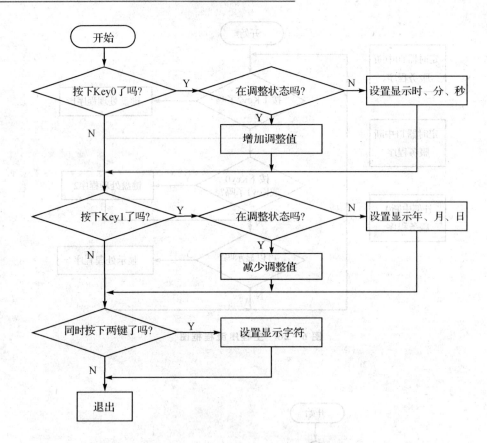

图6-28 键盘处理程序2流程框图

以摇摆次数计数器参数 $n$ 为标准,将整个过程用表6-3所列。

表6-3 摇杆状态及显示状态进程表

| 摇摆次数 $n$ | 0～15 | 16～80 | 81～99 | 100以后 |
|---|---|---|---|---|
| 显示状态 | 流水灯 | 显示信息 | 流水灯 | 消隐不显示 |
| 说明 | 不稳定状态 | 最佳显示状态 | 不能识别显示信息 | |

显示处理程序如图6-29所示。

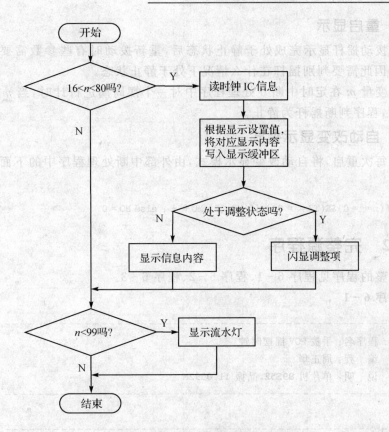

图 6-29 显示处理程序框

## 6.4.1 编程中的问题及解决方案

### 1. DS12C887

DS12C887 芯片的驱动程序安排在头文件 ds12887.h 中,内有两个函数:

(1) SetupDs12887():将时钟数据写入芯片中,用于设置时间。

(2) ReadDs12887():读芯片中的时钟数据。

### 2. 秒 闪

由变量 $MS$ 与 $w[\,]$ 协同完成。

$MS$ 在定时中断 1 处理程序的一个固定时段中改变它 0 和 1 状态,根据 $MS$ 与 $w[\,]$ 的积的结果,确定显示或关闭。

## 第6章 手拨POV显示摇摆时钟

### 3. 重启显示

当拨动摇杆显示完成处于静止状态后,重新拨动时有些参数需要重新初始化。因此需要判别摇杆在什么情况下处于静止状态。

由变量 $m$ 在定时中断0处理程序中对一个摆周期进行计时,当 $m$ 大于预设值时,程序判断摇杆为静止。

### 4. 自动改变显示模式

对每次重启,将自动改变显示模式,由外部中断处理程序中的下面程序段完成:

```
if((n= = 0)&&(TZ= = 0)) if(MO<2) MO+ + ; else MO = 0
```

### 6.4.2 完整源程序

完整的程序见程序6-1、程序6-2、程序6-3。

**程序6-1**

```
//---------------------------------------------
// 程序名:手拨POV摇摆时钟
// 编  程:周正华
// 说  明:单片机89S52,晶振11.0592M
//---------------------------------------------


//---------------------------------------------
//* *  嵌入文件  * *
//---------------------------------------------
#include <reg52.h>            //51单片机硬件资源参数说明
#include "ds12887.h"
#include "ASCII.h"

//---------------------------------------------
//* *  变量说明  * *
//---------------------------------------------

//设置键端口定义
sbit Key2 = P1^0;
sbit Key1 = P1^1;
sbit Key0 = P1^2;
```

## 第 6 章　手拨 POV 显示摇摆时钟

```c
//调整时钟的限制量
unsigned char code maxnum[] = {59,23,31,12,99};    //调整值最大限量
unsigned char code minnum[] = {0,0,1,1,0};         //调整值最小限量

unsigned char V[14];                //显示缓冲区
unsigned char w[14];                //调整项标志
unsigned char BZ;                   //显示标志
unsigned char WT;                   //开始及结束显示图案
unsigned char MO;                   //显示模式
unsigned char TZ;                   //调整项
unsigned char MS;                   //秒闪标志
unsigned int Tm;                    //定时器预设值
unsigned int m;                     //时间计数器
unsigned int n;                     //摇摆次数计数
unsigned int k;                     //秒闪时长计数


//------------------------------------------------
// * *  延时函数
//------------------------------------------------
void Delay(unsigned int ss)
{
    unsigned int xx;
    for(xx = 0;xx< = ss;xx + +);
}


//------------------------------------------------
// * *  外部中断处理程序
//------------------------------------------------
void intersvr0(void) interrupt 0 using 1
{
    TH0 = 0;
    TL0 = 0;

    TH1 = 0;
    TL1 = 0;

    BZ = 1;
    m = 0;
```

```c
    if((n= = 0)&&(TZ = = 0)) if(MO<2) MO + + ; else MO = 0;   //改变显示模式
    n + + ;
}


//------------------------------------------------
//* *   定时中断 0 处理函数
//------------------------------------------------
void timer0(void) interrupt 1 using 1
{
  m + + ;                                           //对一个摆周期计时
  if(m>Tm)                                          //摆幅较小时,停止显示
  {
    n = 0;                                          //回归初始状态
    m = 0;
    WT = 0x01;
    P2 = 0xff;                                      //静态时消亮

  }
}


//------------------------------------------------
//* *   定时中断 1 处理函数/秒闪用
//------------------------------------------------
void timer1(void) interrupt 3 using 1
{
  TH0 = -(5000/256);
  TL0 = -(5000 % 256);
  k = k + 1;if (k>40){k = 0;    MS = ! MS;}         //产生秒闪
}


//------------------------------------------------
//* *   主程序
//------------------------------------------------
void main(void)
{

  int i,j;
```

```
    Tm = 18;

    TH0 = 0; TL0 = 0;
    TR0 = 1; ET0 = 1;

    TH1 = 0; TL1 = 0;
    TR1 = 1; ET1 = 1;

    IT0 = 1; EX0 = 1;

    EA = 1;
    m = 0;
    M0 = 0;
    BZ = 1;
    TZ = 0;

    V[0] = 10;                              //(空)
    V[1] = 10;                              //(空)
    V[2] = 10;                              //(空)
    V[3] = 36;                              //W
    V[4] = 44;                              //e
    V[5] = 51;                              //l
    V[6] = 42;                              //c
    V[7] = 54;                              //o
    V[8] = 52;                              //m
    V[9] = 44;                              //e
    V[10] = 11;                             //!
    V[11] = 10;                             //(空)
    V[12] = 10;                             //(空)
    V[13] = 10;                             //(空)

//SetupDs12887();

    while(1)
    {
       if(Key2 = = 0){                      //设置键
         Delay(5000);Delay(5000);
```

```c
    if(Key2 = = 0) {if(TZ<5) TZ+ +; else {TZ = 0; SetupDs12887();};}
    switch(TZ){
      case 0:w[3] = 0;w[4] = 0;w[6] = 0;w[7] = 0;w[9] = 0;w[10] = 0; MS = 0;
    break;                                              //正常显示
      case 1:w[3] = 0;w[4] = 0;w[6] = 1;w[7] = 1;w[9] = 0;w[10] = 0; break;
                                                        //分闪
      case 2:w[3] = 1;w[4] = 1;w[6] = 0;w[7] = 0;w[9] = 0;w[10] = 0; break;
                                                        //时闪
      case 3:w[3] = 0;w[4] = 0;w[6] = 0;w[7] = 0;w[9] = 1;w[10] = 1; break;
                                                        //日闪
      case 4:w[3] = 0;w[4] = 0;w[6] = 1;w[7] = 1;w[9] = 0;w[10] = 0; break;
                                                        //月闪
      case 5:w[3] = 1;w[4] = 1;w[6] = 0;w[7] = 0;w[9] = 0;w[10] = 0; break;
                                                        //年闪
    }
    if(TZ>2) MO = 1; else MO = 0;
  }
  if((Key1 = = 0)||(Key0 = = 0)){
    Delay(5000);Delay(5000);
    if(Key1 = = 0) {                                    //加键按下
      if(TZ>0)
        if(Time[TZ]<maxnum[TZ-1]) Time[TZ]+ +; else Time[TZ] = minnum[TZ-1];
      else
        MO = 1;
    }
    if(Key0 = = 0) {                                    //减键按下
      if(TZ>0)
        if(Time[TZ]>minnum[TZ-1]) Time[TZ]- -; else Time[TZ] = maxnum[TZ-1];
      else
        MO = 0;
    }
    if((Key0 = = 0)&&(Key1 = = 0)) MO = 2;              //两键同时按下
  }

  if(BZ = = 1)
  {
    if((n>16)&&(n<80))
    {
```

```c
    if(TZ = = 0) ReadDs12887();              //读时钟
if(MO = = 0)
//取时分、秒
{
  V[3] = Time[2]/10;                         //时
  V[4] = Time[2] % 10;
  V[5] = 13;
  V[6] = Time[1]/10;                         //分
  V[7] = Time[1] % 10;
  V[8] = 13;
  V[9] = Time[0]/10;                         //秒
  V[10] = Time[0] % 10;
}
if(MO = = 1)
//取年、月、日
{
  V[3] = Time[5]/10;                         //年
  V[4] = Time[5] % 10;
  V[5] = 12;
  V[6] = Time[4]/10;                         //月
  V[7] = Time[4] % 10;
  V[8] = 12;
  V[9] = Time[3]/10;                         //日
  V[10] = Time[3] % 10;
}
if(MO = = 2){
  V[3] = 36;                                 //W
  V[4] = 44;                                 //e
  V[5] = 51;                                 //l
  V[6] = 42;                                 //c
  V[7] = 54;                                 //o
  V[8] = 52;                                 //m
  V[9] = 44;                                 //e
  V[10] = 11;                                //!
}
//显示字符及时钟
for(i = 0;i<14;i + +)
{
```

```c
            for(j=0;j<6;j++)
            {
                if((MS*w[i])==1)
                    P2 = 0xff;                        //闪显
                else
                    P2 = ~ASCIIDOC[V[i]*6+j];         //正常显示
                Delay(53);
            }
        }
    }
    else
    //显示结束图案
    if(n<99)
    {
        if(WT==0) WT = 0x01; else WT = WT<<1;
        P2 = ~WT;
    }
    BZ = 0;
}
```

**程序 6-2**

```c
//------------------------------------------------
//  文件名：ds12887.h
//  说明：DS12C887 驱动
//------------------------------------------------

#include <absacc.h>

//BCD 码转换
#define NUM2BCD(x) ((((x)/10)<<4)|(x%10))
#define BCD2NUM(x) (((x)>>4)*10+((x)&0x0f))

//时钟寄存器
#define TIME_SECOND    XBYTE[0xff00]
#define TIME_MINUTE    XBYTE[0xff02]
#define TIME_HOUR      XBYTE[0xff04]
```

## 第6章 手拨POV显示摇摆时钟

```c
#define TIME_DAY        XBYTE[0xff06]
#define TIME_DATE       XBYTE[0xff07]
#define TIME_MONTH      XBYTE[0xff08]
#define TIME_YEAR       XBYTE[0xff09]

//控制寄存器
#define REGISTERA       XBYTE[0xff0A]
#define REGISTERB       XBYTE[0xff0B]
#define REGISTERC       XBYTE[0xff0C]
#define REGISTERD       XBYTE[0xff0D]

unsigned char Time[] = {0,0,0,1,1,10};              //时钟数组


//设置 DS12C887
SetupDs12887(void)
{
    REGISTERA = 0x70;
    REGISTERB = 0xa2;
    //设置时间
    TIME_SECOND = NUM2BCD(Time[0]);
    TIME_MINUTE = NUM2BCD(Time[1]);
    TIME_HOUR   = NUM2BCD(Time[2]);

    TIME_DATE   = NUM2BCD(Time[3]);
    TIME_MONTH  = NUM2BCD(Time[4]);
    TIME_YEAR   = NUM2BCD(Time[5]);
    //计时开始
    REGISTERA = 0x20;                               //开始走时
    REGISTERB = 0x22;
}



//读出 DS12C887
void ReadDs12887(void)
{
    Time[0] = BCD2NUM(TIME_SECOND);
    Time[1] = BCD2NUM(TIME_MINUTE);
```

```c
    Time[2] = BCD2NUM(TIME_HOUR);

    Time[3] = BCD2NUM(TIME_DATE);
    Time[4] = BCD2NUM(TIME_MONTH);
    Time[5] = BCD2NUM(TIME_YEAR);
}
```

程序 6-3

```c
//-------------------------------------------------
//  文件名：ASCII.h
//  说明：字符字模
//-------------------------------------------------
unsigned char code ASCIIDOC[] =     //ASCII
{
    0x7C,0x8A,0x92,0xA2,0x7C,0x00, // - 0 - 00
    0x00,0x42,0xFE,0x02,0x00,0x00, // - 1 - 01
    0x46,0x8A,0x92,0x92,0x62,0x00, // - 2 - 02
    0x84,0x82,0x92,0xB2,0xCC,0x00, // - 3 - 03
    0x18,0x28,0x48,0xFE,0x08,0x00, // - 4 - 04
    0xE4,0xA2,0xA2,0xA2,0x9C,0x00, // - 5 - 05
    0x3C,0x52,0x92,0x92,0x8C,0x00, // - 6 - 06
    0x80,0x8E,0x90,0xA0,0xC0,0x00, // - 7 - 07
    0x6C,0x92,0x92,0x92,0x6C,0x00, // - 8 - 08
    0x62,0x92,0x92,0x94,0x78,0x00, // - 9 - 09

    0x00,0x00,0x00,0x00,0x00,0x00, // -   - 10
    0x00,0x00,0xFA,0x00,0x00,0x00, // - ! - 11
    0x04,0x08,0x10,0x20,0x40,0x00, // - / - 12
    0x00,0x6C,0x6C,0x00,0x00,0x00, // - : - 13

    0x3E,0x48,0x88,0x48,0x3E,0x00, // - A - 14
    0xFE,0x92,0x92,0x92,0x6C,0x00, // - B - 15
    0x7C,0x82,0x82,0x82,0x44,0x00, // - C - 16
    0xFE,0x82,0x82,0x82,0x7C,0x00, // - D - 17
    0xFE,0x92,0x92,0x92,0x82,0x00, // - E - 18
    0xFE,0x90,0x90,0x90,0x80,0x00, // - F - 19
    0x7C,0x82,0x8A,0x8A,0x4E,0x00, // - G - 20
    0xFE,0x10,0x10,0x10,0xFE,0x00, // - H - 21
```

```
0x00,0x82,0xFE,0x82,0x00,0x00, //-I-22
0x04,0x02,0x82,0xFC,0x80,0x00, //-J-23
0xFE,0x10,0x28,0x44,0x82,0x00, //-K-24
0xFE,0x02,0x02,0x02,0x02,0x00, //-L-25
0xFE,0x40,0x30,0x40,0xFE,0x00, //-M-26
0xFE,0x20,0x10,0x08,0xFE,0x00, //-N-27
0x7C,0x82,0x82,0x82,0x7C,0x00, //-O-28
0xFE,0x90,0x90,0x90,0x60,0x00, //-P-29
0x7C,0x82,0x8A,0x84,0x7A,0x00, //-Q-30
0xFE,0x90,0x98,0x94,0x62,0x00, //-R-31
0x64,0x92,0x92,0x92,0x4C,0x00, //-S-32
0x80,0x80,0xFE,0x80,0x80,0x00, //-T-33
0xFC,0x02,0x02,0x02,0xFC,0x00, //-U-34
0xF8,0x04,0x02,0x04,0xF8,0x00, //-V-35
0xFE,0x04,0x18,0x04,0xFE,0x00, //-W-36
0xC6,0x28,0x10,0x28,0xC6,0x00, //-X-37
0xC0,0x20,0x1E,0x20,0xC0,0x00, //-Y-38
0x86,0x8A,0x92,0xA2,0xC2,0x00, //-Z-39

0x24,0x2A,0x2A,0x1C,0x02,0x00, //-a-40
0xFE,0x14,0x22,0x22,0x1C,0x00, //-b-41
0x1C,0x22,0x22,0x22,0x10,0x00, //-c-42
0x1C,0x22,0x22,0x14,0xFE,0x00, //-d-43
0x1C,0x2A,0x2A,0x2A,0x10,0x00, //-e-44
0x10,0x7E,0x90,0x90,0x40,0x00, //-f-45
0x19,0x25,0x25,0x25,0x1E,0x00, //-g-46
0xFE,0x10,0x20,0x20,0x1E,0x00, //-h-47
0x00,0x00,0x9E,0x00,0x00,0x00, //-i-48
0x00,0x01,0x11,0x9E,0x00,0x00, //-j-49
0xFE,0x08,0x14,0x22,0x02,0x00, //-k-50
0x00,0x82,0xFE,0x02,0x00,0x00, //-l-51
0x1E,0x20,0x1E,0x20,0x1E,0x00, //-m-52
0x20,0x1E,0x20,0x20,0x1E,0x00, //-n-53
0x1C,0x22,0x22,0x22,0x1C,0x00, //-o-54
0x3F,0x24,0x24,0x24,0x18,0x00, //-p-55
0x18,0x24,0x24,0x24,0x3F,0x00, //-q-56
0x20,0x1E,0x20,0x20,0x10,0x00, //-r-57
0x12,0x2A,0x2A,0x2A,0x24,0x00, //-s-58
```

## 第6章 手拨 POV 显示摇摆时钟

```
0x20,0xFC,0x22,0x22,0x24,0x00, //-t-59
0x3C,0x02,0x02,0x3C,0x02,0x00, //-u-60
0x38,0x04,0x02,0x04,0x38,0x00, //-v-61
0x3C,0x02,0x3C,0x02,0x3C,0x00, //-w-62
0x22,0x14,0x08,0x14,0x22,0x00, //-x-63
0x39,0x05,0x05,0x09,0x3E,0x00, //-y-64
0x22,0x26,0x2A,0x32,0x22,0x00, //-z-65
};
```

## 6.5 调试及使用

本制作电路简单,几乎不需要作任何调整就能成功。

使用时拨动摇杆,杆上的 LED 就能分别显示"英文字符"或"年、月、日"或"时、分、秒",每拨动一次将改变一次显示模式。

你也可以直接按 A 键显示"时、分、秒",按 B 键显示"年、月、日",同时按下 A、B 两键则显示"英文字符"。

设置时间则先按 C 键,显示将闪现要调整项,这时可按 A 键或 B 键修改调整值,直到回到正常显示状态。

完成的效果图如图 6-25 所示。

## 6.6 后 记

本制作并不复杂,却能达到很神奇的效果,关键在于传感器的巧妙使用。还可以在以下几方面进行改进和完善:

(1) 显示的数字或字符会出现中间宽两边窄现象,有待进一步修正。

(2) 调时较麻烦,可考虑其他调时方式,如用串口通过计算机直接下载时间值。

# 第 7 章

# POV LED 硬盘时钟

## 7.1 引 言

顾名思义,硬盘时钟就是将淘汰废弃的硬盘改造成一个 LED 时钟。

这神奇创意最早是由加拿大 Alan Parekh 提出的,在他的个人网页里首次介绍了如何将一个废旧的硬盘制作成时钟:在硬盘的碟盘上开一条细缝,碟盘下安装了 2 种颜色的 LED,在单片机的控制下,利用人类的视觉暂留原理,产生三色光条,以此分别来表示时钟的时、分、秒。

后来,美国康奈尔大学的两位大学生 Jason Amsel 和 Konstantin Klitenik 根据这个创意作了一个电子设计项目。在这个项目中,除增加了一个带触摸功能的 LCD 屏,将双色 LED 改成三色 LED 外,其他方面没有什么突破性的进展。

真正让这个创意耳目一新的是另一个美国人,他采用高亮度的 RGB 三色 LED 柔性灯条作光源,不但使显示的亮度明显增加,并能产生炫丽多彩的动态图案。遗憾的是他的作品并非是真正意义上的时钟,仅仅是演示而已:时针太宽而且居然是逆时针方向旋转。

我们这里做的硬盘时钟将在他们的基础上进行如下改进:

(1) 使用专门的直流电动机驱动 IC,让硬盘的转速可调,在降低转速后,可进一步减小噪声,同时有利于 51 单片机的控制。

(2) 将开机画面与时钟显示有机结合,用 mini 型 LED 作为辅助显示,一方面扩展显示"年月日"信息,另一方面方便调时。

(3) 时钟的整个屏面一改过去的全黑局面,并增添时间刻度,方便辨识。

使制作的硬盘时钟真正向实用性迈进了一大步。

本章的 POV 项目如表 7-1 所列。

# 第 7 章　POV LED 硬盘时钟

表 7-1　POV 制作项目之六：POV LED 硬盘时钟

| POV 项目 | POV LED 硬盘时钟 |
| --- | --- |
| 发光体 | 9 只 RGB 三色 LED |
| 运动方式 | LED 处于静止状态 |
| 供电方式 | 外接电源 |
| 传感器 | 光偶传感器 |
| 主控芯片 | AT89S52 |
| 调控方式 | 按键 |
| 功　能 | 光盘显示"时分秒"，辅助显示 LED 显示"年月日" |

(1) 单片机：采用支持 ISP 下载功能的单片机，方便程序下载及调试。

(2) LED：由于硬盘时钟的是靠光线透过一窄缝来显示发光颜色的，光的损失量很大，需要高亮度的 LED，考虑到为方便安装 LED，选用的是成品的高亮度 RGB 柔性光条。

(3) Mini 型 LED 显示模块：为了让硬盘时钟更加方便实用，在硬盘时钟前面另外增添了一个辅助显示屏，考虑到发光盘在视觉上的主导性，这个辅助屏尽量选用尺寸较小的 mini 型 LED。

(4) 传感器：由于在硬盘的盘片上开有缺口，采用透射式光断续器。

(5) 主轴电动机驱动：主轴电动机为无刷无传感器直流电动机，可以沿用原来硬盘板上的电路来驱动它。但这样的方式问题很多：一是大多数情况下难以保证电动机常转；二是转速固定无法改变。最终改为采用专门的驱动 IC 驱动这个直流电动机。

(6) 功能：除主要的发光盘面显示很酷的"时分秒"信息外，辅助 LED 显示屏还显示"年月日"信息。另外，在开机状态时，发光盘显示多彩的色彩变换，辅助屏显示如欢迎类的英文字符；在调时状态时，辅助显示屏提示和显示调整项及调整值。

## 7.2 系统构成

### 7.2.1 显示原理及系统状态转移图

**1. POV LED 硬盘时钟的显示原理**

在高速旋转的开口盘片下，用单片机控制 LED 的发光，并让 LED 的闪现与旋转的细缝同步协调。也就是每当开细缝的圆盘转到特定的位置，就让 LED 闪现特定颜色的光，这样，就会让我们的眼睛感觉到那个位置有一光条出现。

由于人眼有"视觉暂留"现象，只要我们在几处特定的位置让 LED 闪现所需要的光，就会让我们眼睛产生圆盘上同时有几个光条的错觉。

如图 7-1 所示，以安装传感器的位置为基准点，在 $t_1$、$t_2$、$t_3$ 时刻分别短时间点亮红色、绿色和黄色的 LED，我们就能得到一个能显示时分秒的时钟效果。

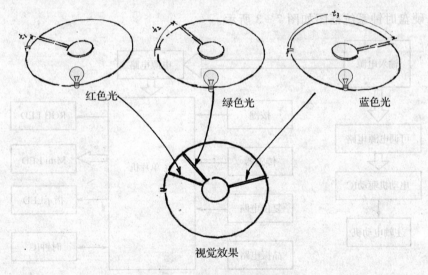

图 7-1 硬盘时钟显示原理

将此原理进一步推广，我们还可以让整个圆盘发出五颜六色的光，在本制作中，我们以此原理，还在发光的表盘上增加时钟刻度。

**2. 系统状态转移图**

系统分为 3 种工作状态：开机画面状态、正常显示状态和调整时间状态，如图 7-2 所示。各状态之间的转换通过"设置"键来完成。

# 第 7 章　POV LED 硬盘时钟

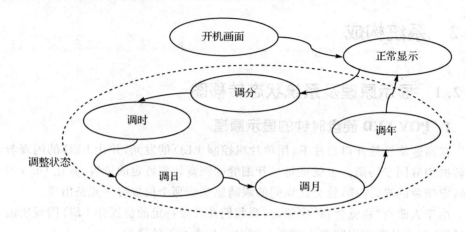

图 7-2　硬盘时钟工作状态转移图

## 7.2.2　系统框图

硬盘时钟系统框图如图 7-3 所示。

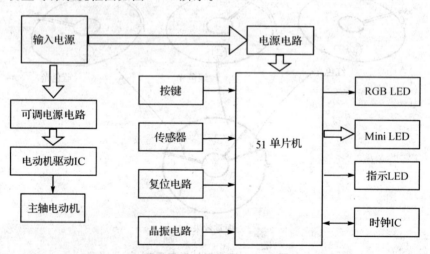

图 7-3　硬盘时钟系统框图

## 7.2.3　系统硬件结构草图

硬盘时钟的硬件结构草图如图 7-4 所示。

# 第 7 章  POV LED 硬盘时钟

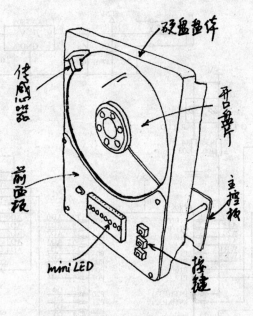

图 7-4  硬盘时钟硬件结构草图

## 7.3  硬件制作

### 7.3.1  电路原理图

硬盘时钟的直流电动机驱动电路原理图如图 7-5 所示。

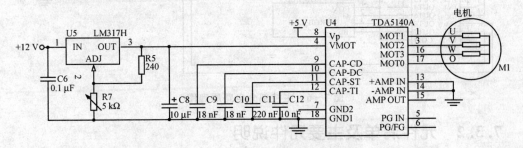

图 7-5  直流电动机驱动电路原理图

硬盘时钟的主控部分电路原理图如图 7-6 所示。

# 第 7 章 POV LED 硬盘时钟

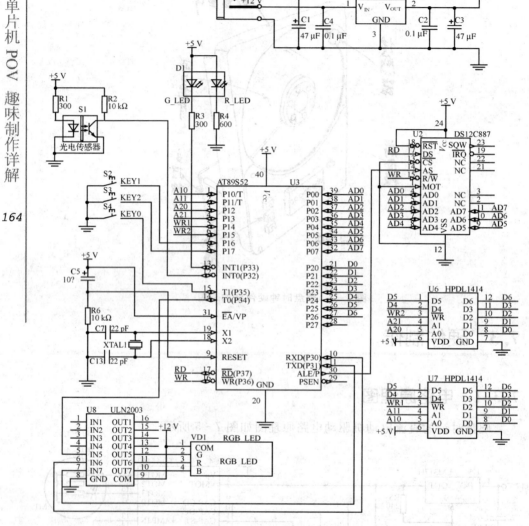

图 7-6 主控部分电路原理图

## 7.3.2 元件清单及主要元件说明

硬盘时钟电路元件清单如表 7-2 所列。

# 第 7 章 POV LED 硬盘时钟

表 7-2 硬盘时钟电路元件清单

| 元器件 | 规格或型号 | 图中编号 | 数量 | 说明 |
|---|---|---|---|---|
| 51 单片机 | AT89S52 | U3 | 1 | |
| 实时时钟 IC | DS12C887 | U2 | 1 | |
| 直流电动机驱动 IC | TDA5140A | U4 | 1 | |
| 4 位 LED 显示 IC | HPDL1414 | U6,U7 | 2 | |
| 达林顿阵列 | ULN2003 | U8 | 1 | |
| 可调三端稳压器 | LM317 | U5 | 1 | |
| +5 V 三端稳压器 | LM7805 | U1 | 1 | |
| LED | φ5 mm | D1 | 1 | 双色 |
| | RGB LED | VD1 | 1 | 成品柔性 LED 灯条 |
| 电解电容 | 47 μF | C1,C3 | 2 | |
| | 10 μF | C5,C8 | 2 | |
| 电容 | 0.1 μF | C2,C4,C6 | 3 | |
| | 22 pF | C7,C13 | 2 | |
| | 18 nF | C9,C10 | 2 | |
| | 10 nF | C12 | 1 | |
| | 220 nF | C11 | 1 | |
| 电阻 | 300 Ω | R1,R3 | 2 | |
| | 10 kΩ | R2,R6 | 2 | |
| | 240 Ω | R5 | 1 | |
| | 600 Ω | R4 | 1 | |
| 电位器 | 5 kΩ | R7 | 1 | 精密多圈可调电位器 |
| 晶振 | 24 MHz | XTAL1 | 1 | |
| 按键开关 | | S2,S3,S4 | 3 | |
| 光断续器 | | S1 | 1 | |
| 其他 | 插座、接插件等 | | | |

## 1. TDA5140A

TDA5140A 是菲利普公司生产的 3 相无刷无传感器装置的直流电动机的驱动电路,它是通过利用检测反电势的传感技术来感知转子位置的。

TDA5140A 具备以下特点:

# 第 7 章  POV LED 硬盘时钟

(1) 不需要位置传感信号；
(2) 内置启动电路；
(3) 0.8 A 输出电流（典型值），并内置限流电路；
(4) 具有热保护功能；
(5) 有内部测速信号输出；
(6) 内部备有跨导运算放大器电路，可通过控制外接的晶体管调整电动机转速。

TDA5140A 外形如图 7-7 所示，各引脚定义如图 7-8 所示。

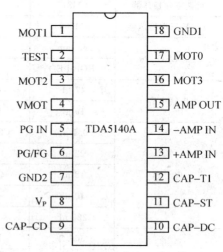

图 7-7  TDA5140A 外形图    图 7-8  TDA5140A 引脚图

(1) MOT1：驱动器输出 1；
(2) TEST：测试输入/输出；
(3) MOT2：驱动器输出 2；
(4) VMOT：输出驱动级的输入电压；
(5) PG IN：电动机外部位置传感器检测信号输入（可选）；
(6) PG/FG：电动机位置或频率信号输出；
(7) GND2：控制电路地；
(8) $V_p$：正电源电压；
(9) CAP-CD：外接电容；
(10) CAP-DC：外接电容；
(11) CAP-ST：外接电容；

(12) CAP-TI：外接电容；

(13) ＋AMP IN：跨导放大器的非反相输入；

(14) －AMP IN：跨导放大器的反相输入；

(15) AMP OUT15：跨导放大器的输出；

(16) MOT3：驱动器输出 3；

(17) MOT0：驱动器输出 0，电动机线圈的公共端；

(18) GND1：电动机电源地。

### 2. HPDL1414

HPDL1414 为 mini 型 4 位数字字符显示模块，早期用在仪器仪表上，自带字库并用锁存方式显示信息。大小只与一枚一圆硬币相当。

图 7-9 所示为 HPDL1414 外形图及引脚定义，图 7-10 所示为写入操作真值表，图 7-11 所示为内部 ASCII 字符表。

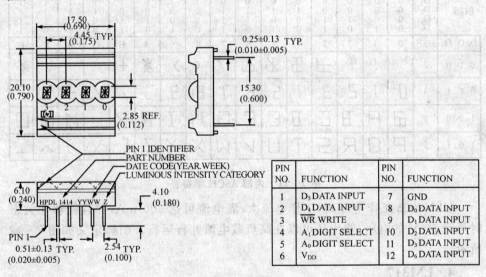

图 7-9　HPDL1414 的外形图及引脚定义

### 3. ULN2003

ULN2003 是耐高电压、大电流达林顿阵列，由 7 个硅 NPN 达林顿管组成。该电路的特点如下：

ULN2003 的每一对达林顿管都串联一个 2.7 kΩ 的基极电阻，在 5 V 的工作电压下它能与 TTL 和 CMOS 电路直接相连，可以直接处理原先需要标准逻辑缓冲器来处理的数据。

## 第 7 章  POV LED 硬盘时钟

| $\overline{WR}$ | $A_1$ | $A_0$ | $D_6$ | $D_5$ | $D_4$ | $D_3$ | $D_2$ | $D_1$ | $D_0$ | $DIG_3$ | $DIG_2$ | $DIG_1$ | $DIG_0$ |
|---|---|---|---|---|---|---|---|---|---|---|---|---|---|
| L | L | L | a | a | a | a | a | a | a | NC | NC | NC | R |
| L | L | H | b | b | b | b | b | b | b | NC | NC | B | NC |
| L | H | L | c | c | c | c | c | c | c | NC | C | NC | NC |
| L | H | H | d | d | d | d | d | d | d | D | NC | NC | NC |
| H | X | X | X | X | X | X | X | X | X | Previously Written Data ||||

L=LOGIC LOW INPUT
H=LOGIC HIGH INPUT
X=DONT CARE
"a"=ASCII CODE CORRESPONDING TO SYMBOL"R"
NC=NO CHANGE

图 7-10  HPDL1414 写入操作真值表

| BITS $D_3 D_2 D_1 D_0$ | 0000 | 0001 | 0010 | 0011 | 0100 | 0101 | 0110 | 0111 | 1000 | 1001 | 1010 | 1011 | 1100 | 1101 | 1110 | 1111 |
|---|---|---|---|---|---|---|---|---|---|---|---|---|---|---|---|---|
| $D_6 D_5 D_4$ HEX | 0 | 1 | 2 | 3 | 4 | 5 | 6 | 7 | 8 | 9 | A | B | C | D | E | F |
| 010  2 | | ! | " | # | $ | % | & | ' | ( | ) | * | + | , | - | . | / |
| 011  3 | 0 | 1 | 2 | 3 | 4 | 5 | 6 | 7 | 8 | 9 | : | ; | < | = | > | ? |
| 100  4 | @ | A | B | C | D | E | F | G | H | I | J | K | L | M | N | O |
| 101  5 | P | Q | R | S | T | U | V | W | X | Y | Z | [ | \ | ] | ^ | _ |

图 7-11  内部 ASCII 字符表

  ULN2003 工作电压高,工作电流大,灌电流可达 500 mA,并且能够在关态时承受 50 V 的电压,输出还可以在高负载电流并行运行。引脚定义如图 7-12 所示。

### 4. LM317

  LM317 是美国国家半导体公司的三端可调正稳压器集成电路,它的输出电压范围是 1.2~37 V,负载电流最大为 1.5 A。具有输出短路保护、过流保护、过热保护和调整管安全工作区保护功能。

### 5. RGB LED 柔性条

  采用高亮度 RGB(红绿蓝) LED 柔性光条(见图 7-14),本身自带有粘胶(图 7-15),便于安装。另外,这种 LED 柔性光条的工作电压为 12 V,使得驱动电路非常简单。

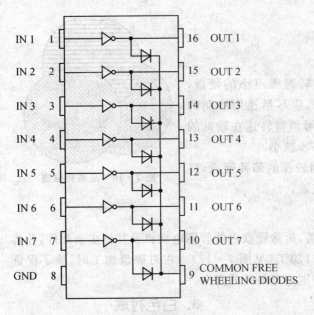
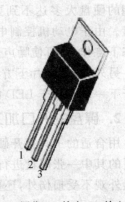

图 7-12  ULN2003 引脚定义

1—调节；2—输出；3—输入

图 7-13  LM317 引脚图

图 7-14  RGB LED 柔性光条      图 7-15  光条背面的粘胶

根据三基色的发光原理（见图 7-16），由 RGB 3 色可产生 7 种颜色的光：

红色＋绿色＝黄色

绿色＋蓝色＝青色

红色＋蓝色＝品红

红色＋绿色＋蓝色＝白色

## 7.3.3 制作概要

### 1. 硬盘的选用

选用时尽量选择工作运转时噪声小的硬盘,早期的硬盘大多达不到要求,应尽量选用后期的硬盘。由于电动机控制电路可调整转速在较低的状态下工作,还可使噪声进一步减小。

另外,选用盘片下方空间较深的那种硬盘,以便于下一步有利于LED的安装。

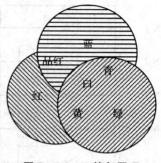

图7-16 三基色原理

### 2. 碟盘的开口加工

用合适的工具打开硬盘盖,拆除硬盘内的音圈电动机及其他多余部件,并将拆下的其中一张碟盘进行开口加工(见图7-17)。在对碟盘加工时,除了保证碟盘外观不受损伤外,还要特别注意眼睛的安全。

图7-17 拆下的碟盘及加工工具

### 3. 白色衬底

为使碟盘下的LED发光时显得更亮,需在碟盘的下方贴一张白色纸片作衬底,其制作过程如图7-18所示:①先将一张拆下碟盘压在一张白纸上,用笔沿着碟盘内圈画一圆;②用工艺刀沿外圈走刀,刻出圆形纸片;③用拆下的铝圈放在圆形纸片上,让其内圈正好露出刚画的圆形,用工艺刀沿外圈走刀,刻出圆环型纸片;④将这圆形纸片用双面胶粘在盘体的主轴电动机周边的底板上。

### 4. RGB LED柔性光条的安装

柔性光条背面本身自带有粘胶的,粘贴起来很方便,只是由于碟盘下端空间的周边并非是一个完整的圆形,有一很宽的缺口,需用一铁皮将这圆形补充完整,以保证LED光条在碟盘下形成均匀完整的发光圈,如图7-19、图7-20所示。

### 5. 传感器的安装

在硬盘盘体的左上角正好有一位置,适合安装传感器。将传感器焊在一小块电路板上,直接插上即可。并在此位置附近钻孔,将传感器连接线从这孔引

第 7 章　POV LED 硬盘时钟

图 7-18　白色衬底制作过程

图 7-19　用铁皮将在盘片下形成圆形空间

出,如图 7-21 所示。

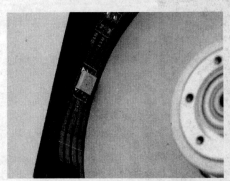

图 7-20　安装 RGB LED 柔性光条

图 7-21　安装传感器

## 6. 电路板制作

电路板共分两块：一块作为硬盘时钟的面板，板上布置有指示用 LED 和显示信息用的 mini LED 模块以及调整时间的按键；另一块为主控板，安装在硬盘后面，并作为硬盘时钟支撑的一部分，如图 7-22、图 7-23 所示。与主控板连接的外接线一律用接插件，做好插头与插座的方向标志，以免插错。

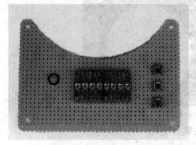

图 7-22 电路板之一：前面板

图 7-23 电路板之二：主控板

### 7.3.4 完成图

完成后的硬盘时钟如图 7-24 所示。

图 7-24 硬盘时钟完成图

## 7.4 软件设计

主程序流程框图如图 7-25 所示。

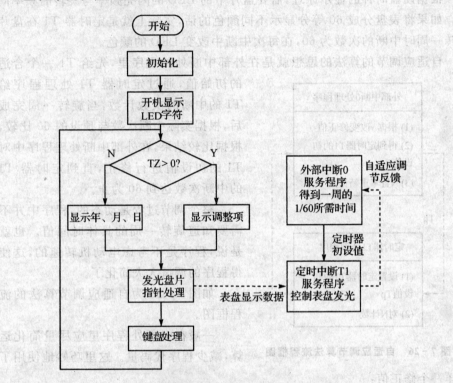

图 7-25 主程序流程框图

图中虚线箭头指向并非逻辑意义上的关联，只是表明通过全局变量传输数据的流向。

数组变量 PT_col[ ] 是显示的缓冲区，存放的是表盘指针的颜色值，在主程序的主循环里随时更新，并通过定时中断 T1 处理程序完成显示功能。

通过外部中断 0 处理程序中的自适应调节算法，得到定时器 T1 的初设值（旋转一周的 1/60 所需时间值），使在不需要转速数据的情况下表盘显示正常。

## 7.4.1 编程中的问题及解决方案

### 1. 自适应调节算法

根据硬盘时钟的显示原理,需要盘片下的 LED 的闪亮频率与旋转的频率同步。如果将表盘分成 60 等分显示不同颜色的话,实际上就是定时器 T1 在盘片旋转一周时中断的次数为 60,在每次中断中改变 LED 的颜色。

自适应调节的算法的思想就是在外部中断处的程序里,先给 T1 一个合适的初始值,通过定时器 T1 处理程序给 T1 的中断的次数计数,当旋转一周完成后,根据实际中断次数与预设的 60 比较,根据比较结果,在外部中断处理程序中对 T1 的初设值进行修正,直到定时器 T1 的中断次数达到 60 为止。

整个调节过程是动态的,程序中并不需要知道旋转一周的具体时间值。也就是说,程序是不考虑电动机转速的,这使得程序的调试大大简化了。

如图 7-26 为自适应调节算法的流程框图。

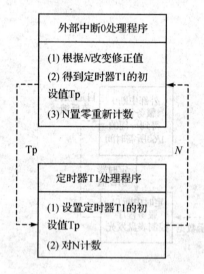

图 7-26 自适应调节算法流程框图

一般在中断程序里应尽量简化运算,减少程序代码量。这里巧妙地使用了这样一个修正值:

$$D=D+(N-S)$$

其中 $S$ 为预设的固定值,这里 $S=60$。

当 $N>S$ 时,修正值 $D$ 增大,使定时器 T1 的时间值增大,随之 $N$ 值减小。
当 $N<S$ 时,修正值 $D$ 减小,使定时器 T1 的时间值减小,随之 $N$ 值增大。
当 $N=S$ 时,修正值不产生变化。

### 2. 表盘指针显示问题

用有 60 个单元的数组 PT_col[]作为显示的缓冲区,时钟盘面的颜色完全由这个数组中的各单元的取值确定,使得显示钟盘的颜色的编程简单而方便。

在指针更新走到下一步的时候,原指针的位置颜色如何恢复?如每次都将 PT_col[]数组全部更新,显然会占用大量时间,直接影响显示效果。如每次只更新改变的那几个显示单元,是最节省时间的,只是在3个指针在同一位置和指针在"十二点"位置时的情形处理较困难,因此采用折中的办法:在指针走向下一位置时,用时钟盘面的背景色覆盖原位置,再用时盘面的刻度色刷新(只有十二个位置),这样就完全解决时针问题了。并且一并解决了多个指针在一起时,指针显示优先权的问题。由下面程序段完成:

```
//用背景色覆盖原来的指针色
PT_col[t1] = BL_col;
PT_col[t2] = BL_col;
PT_col[t3] = BL_col;

//取指针数值
if(M3>12) M3 = M3 - 12;
t1 = Ru(M1); t2 = Ru(M2); t3 = Ru(M3 * 5 + M2/12);

//刷新时钟刻度色
PT_col[0 + kdxz] = KD_col;
PT_col[5 + kdxz] = KD_col;
PT_col[10 + kdxz] = KD_col;
PT_col[15 + kdxz] = KD_col;
PT_col[20 + kdxz] = KD_col;
PT_col[25 + kdxz] = KD_col;
PT_col[30 + kdxz] = KD_col;
PT_col[35 + kdxz] = KD_col;
PT_col[40 + kdxz] = KD_col;
PT_col[45 + kdxz] = KD_col;
PT_col[50 + kdxz] = KD_col;
PT_col[55 + kdxz] = KD_col;
//显示时针,如t1,t2,t3值出现相同的话情况下,上面的取色值被下面的取色值覆盖
PT_col[t1] = COL_MOD[CM][2];
PT_col[t2] = COL_MOD[CM][3];
PT_col[t3] = COL_MOD[CM][4];
```

### 3. 位置修正

光电传感器的位置是显示的起始点,由于没有安置在"十二点"位置,在程序编程上需要一个转换程序,我用的是下面这一段程序完成的,传感器的位置改变的话,只要改变两个变量 XZ 和 kdxz 的值就行了。

## 第 7 章 POV LED 硬盘时钟

```
#define Ru(x) (x+XZ)>59?(x+XZ-60):(x+XZ)
```

### 4. BCD 码的转换

因时钟芯片采取的是 BCD 码,而又由于 BCD 码在显示和调整值时不方便,因此,在读写时钟芯片时都要进行转换。用宏定义了两个互换函数:

```
#define NUM2BCD(x) ((((x)/10)<<4)|(x%10))
#define BCD2NUM(x) (((x)>>4)*10+((x)&0x0f))
```

### 5. 键盘处理程序

由于有频繁的中断,应避免大的程序段,不然会影响显示效果。调时程序没有采用传统的用一个键盘处理程序的方式,而是直接将各键值的处理分散到主程序的主循环中,并用一个标志 TZ 记录调整状态。

```
//键盘处理
if(Key0==0){                        //设置键
  Delay(120);
   if(Key0==0) {if(TZ>0) TZ--; else TZ=5;}
  if(TZ==0) SetupDs12887();
  Delay(1200);
}


if(Key1==0){                        //加法键
  Delay(120);
  if(Key1==0) {
    if(Time[TZ]<maxnum[TZ-1]) Time[TZ]++; else Time[TZ]=minnum[TZ-1];
  }
  Delay(1200);
}



if(Key2==0){                        //减法键
  Delay(120);
  if(Key2==0) {
    if(Time[TZ]>minnum[TZ-1]) Time[TZ]--; else Time[TZ]=maxnum[TZ-1];
  }
  Delay(1200);
}
```

### 6. 指示用 LED 程序

当显示处于调整状态时,用一个 LED 闪亮作为提示,具体程序为:

Put_LED = ~Put_LED;     //LED 指示在设置状态闪亮

## 7.4.2 完整源程序

完整的程序见程序 7-1 和程序 7-2。

**程序 7-1**

```
//--------------------------------------------------
//程序名：硬盘时钟程序    V2.0
//编    程：周正华
//说    明：单片机 89S52     晶振 24M
//日    期：  2010.1.11
//--------------------------------------------------


//--------------------------------------------------
//＊＊嵌入文件＊＊
//--------------------------------------------------
#include <reg52.h>           //51 单片机硬件资源参数说明
#include <intrins.h>         //使用"_nop_()"函数用
#include "ds12887.h"         //实时时钟 IC 驱动



//--------------------------------------------------
//＊＊宏定义函数＊＊
//--------------------------------------------------

//位置修正函数
#define XZ 8                 //传感器位置与"十二点"位置间隔(指针走的步数)
#define Ru(x) (x+XZ)>59?(x+XZ-60):(x+XZ)

//延时函数
#define Delay5Us {_nop_();_nop_();_nop_();_nop_();_nop_();\
                 _nop_();_nop_();_nop_();_nop_();_nop_();}
#define Delay50Us {Delay5Us;Delay5Us;Delay5Us;Delay5Us;Delay5Us;\
                  Delay5Us;Delay5Us;Delay5Us;Delay5Us;Delay5Us;}
```

# 第7章 POV LED 硬盘时钟

```c
//------------------------------------------------
// * * 端口定义 * *
//------------------------------------------------

//LED 显示端口
#define WORDPORT P2
#define DIGPORT   P1


//RGB_LED 端口定义
sbit P_LED_R = P3^0;
sbit P_LED_G = P3^1;
sbit P_LED_B = P3^4;

//设置键端口定义
sbit Key1 = P1^6;
sbit Key2 = P1^7;
sbit Key0 = P3^5;

//指示 LED 端口定义
sbit Put_LED = P3^3;


//------------------------------------------------
// * * 变量说明 * *
//------------------------------------------------

//定义颜色值
unsigned char code LED_COL[8][3] =
{
    1,1,1,              //白
    1,0,0,              //红
    0,1,0,              //绿
    0,0,1,              //蓝
    1,1,0,              //黄
    1,0,1,              //品红
    0,1,1,              //青
    0,0,0,              //黑
```

};

//钟盘及指针颜色模式
```
unsigned char code COL_MOD[4][5] =
{
    4,0,3,2,1,
    5,1,4,2,3,
    6,2,3,4,1,
    7,4,3,2,1
};
```

//开机画面 LED 动态显示的字符
```
unsigned char code CH[] = {
    0x20,0x20,0x20,0x20,0x20,0x20,0x20,0x20,
    0x48,0x54,0x54,0x50,0x3A,0x2f,0x2f,0x48,
    0x49,0x2e,0x42,0x41,0x49,0x44,0x55,0x2e,
    0x43,0x4F,0x4D,0x2f,0x35,0x32,0x5f,0x44,
    0x49,0x59,0x20,0x20,0x20,0x20,0x20,0x20,
    0x20,0x20
};
```

//设置状态 LED 显示的字符
```
unsigned char code SD[5][6] = {
    77,73,78,85,84,69,
    72,79,85,82,32,32,
    68,65,84,69,32,32,
    77,79,78,84,72,32,
    89,69,65,82,32,32
};
```

//调整时钟的限制量
```
unsigned char code maxnum[] = {59,23,31,12,99,7};   //调整值最大限量
unsigned char code minnum[] = {0,0,1,1,0,1};        //调整值最小限量
```

//其他变量定义
```
unsigned char t1,t2,t3;                             //时、分、秒中间变量
```

## 第7章　POV LED 硬盘时钟

```c
unsigned char M1,M2,M3;              //时、分、秒中间变量
unsigned char PT_col[60];            //指针颜色
unsigned char BL_col;                //表盘颜色
unsigned char KD_col;                //刻度颜色
unsigned char ST;                    //进程标志
unsigned char CM;                    //表盘色彩组合模式
unsigned char TZ;                    //调整项
unsigned int Tn;                     //指针位置值
unsigned int Tp;                     //定时中断 T1 设置值
unsigned char N;                     //实际表盘平分分割数
unsigned char S;                     //预设表盘平分分割数,取值60
unsigned char Cn;                    //色彩变量

//---------------------------------------------------------------
// * * 函数定义 * *
//---------------------------------------------------------------

/* 外部中断 0 */
void intersvr0(void) interrupt 0 using 1
{
    unsigned char Q;
    unsigned int D;
    TH1 = -1;TL1 = -1;                //让定时中断 T1 与外部中断适
                                      //当错开,使屏显示稳定
    D = D + (N - S);                  //修正值。实际值与预设值比
                                      //较,作出校正
    Tp = 45000 + D;                   //得到定时中断 T1 的初设值
    if((N = = S)&&(Q<500)){
        Q + + ;
        if(Q = = 99) ST = 1;
    }                                 //显示稳定后进入下一进程
    N = 0;
    Tn = 0;
    Cn = 0;
}

/* T1 处理函数 */
void timer1(void) interrupt 3 using 1
```

```c
{
    TH1 = -Tp/256;
    TL1 = -Tp%256;

    if(ST==0){                              //开机画面
        if(Cn<6) Cn++; else Cn=1;           //只显示6种颜色
        P_LED_R = LED_COL[Cn][0];
        P_LED_G = LED_COL[Cn][1];
        P_LED_B = LED_COL[Cn][2];
    }

    if(ST==1){                              //正常工作状态
        //产生指针颜色
        P_LED_R = LED_COL[PT_col[Tn]][0];
        P_LED_G = LED_COL[PT_col[Tn]][1];
        P_LED_B = LED_COL[PT_col[Tn]][2];

        //产生指针宽度
        Delay50Us;Delay50Us;

        //产生背景颜色
        P_LED_R = LED_COL[BL_col][0];
        P_LED_G = LED_COL[BL_col][1];
        P_LED_B = LED_COL[BL_col][2];

        Tn++;                               //下一个显示单元
    }
    N++;                                    //从传感器位置开始,定时中断
                                            //次数计数
}


/*延时(用于较长时间段)*/
void Delay(unsigned int tt)
{
    unsigned char ii;
    for(;tt>0;tt--)
        for(ii=94;ii>0;ii--);
```

## 第7章 POV LED 硬盘时钟

```c
    }

/* 主程序 */
void main(void)
{
    unsigned char i,j;                      //循环变量
    unsigned char Xz = 3;                   //刻度校正

    S = 60;                                 //旋转一周,定时中断 T1 产生
                                            //60 个中断

    CM = 0;                                 //使用显示屏颜色组合,可有
                                            //4 种模式选择

    BL_col = COL_MOD[CM][0];                //背景光颜色
    KD_col = COL_MOD[CM][1];                //刻度颜色

    //中断初始化
    TMOD = 0x11;

    TH1 = 0; TL1 = 0;
    TR1 = 1; ET1 = 1;

    IT0 = 1; EX0 = 1;

    EA = 1;

    //显示屏初始化
    for(i = 0;i<60;i++) PT_col[i] = BL_col;

    PT_col[0 + Xz] = 0;
    PT_col[5 + Xz] = 0;
    PT_col[10 + Xz] = 0;
    PT_col[15 + Xz] = 0;
    PT_col[20 + Xz] = 0;
    PT_col[25 + Xz] = 0;
    PT_col[30 + Xz] = 0;
```

```c
    PT_col[35 + Xz] = 0;
    PT_col[40 + Xz] = 0;
    PT_col[45 + Xz] = 0;
    PT_col[50 + Xz] = 0;
    PT_col[55 + Xz] = 0;

    DIGPORT = 0xec; WORDPORT = 32;
    DIGPORT = 0xed; WORDPORT = 32;
    DIGPORT = 0xee; WORDPORT = 32;
    DIGPORT = 0xef; WORDPORT = 32;
    DIGPORT = 0xd3; WORDPORT = 32;
    DIGPORT = 0xd7; WORDPORT = 32;
    DIGPORT = 0xdb; WORDPORT = 32;
    DIGPORT = 0xdf; WORDPORT = 32;

    P_LED_R = 0;
    P_LED_G = 0;
    P_LED_B = 0;

    //SetupDs12887();

    //LED 字符开机画面
    Delay(4000);
    for(j = 0; j<35; j++){
        DIGPORT = 0xec; WORDPORT = CH[7 + j];
        DIGPORT = 0xed; WORDPORT = CH[6 + j];
        DIGPORT = 0xee; WORDPORT = CH[5 + j];
        DIGPORT = 0xef; WORDPORT = CH[4 + j];
        DIGPORT = 0xd3; WORDPORT = CH[3 + j];
        DIGPORT = 0xd7; WORDPORT = CH[2 + j];
        DIGPORT = 0xdb; WORDPORT = CH[1 + j];
        DIGPORT = 0xdf; WORDPORT = CH[0 + j];
        Delay(3000);
    }
    P_LED_R = 1;
    P_LED_G = 0;
    P_LED_B = 0;
```

## 第 7 章　POV LED 硬盘时钟

```c
//进入主循环
  for(;;){
    if(TZ = = 0){                                //LED 显示年、月、日信息
      ReadDs12887();                             //读取时间值
      Put_LED = 1;

      M1 = Time[0];M2 = Time[1];M3 = Time[2];
      DIGPORT = 0xec; WORDPORT = 0x30 + Time[3] % 10;
      DIGPORT = 0xed; WORDPORT = 0x30 + Time[3]/10;
      DIGPORT = 0xee; WORDPORT = 0x2d;
      DIGPORT = 0xef; WORDPORT = 0x30 + Time[4] % 10;
      DIGPORT = 0xd3; WORDPORT = 0x30 + Time[4]/10;
      DIGPORT = 0xd7; WORDPORT = 0x2d;
      DIGPORT = 0xdb; WORDPORT = 0x30 + Time[5] % 10;
      DIGPORT = 0xdf; WORDPORT = 0x30 + Time[5]/10;
    }
    else                                         //LED 显示调整项
    {
      DIGPORT = 0xec; WORDPORT = 0x30 + Time[TZ] % 10;
      DIGPORT = 0xed; WORDPORT = 0x30 + Time[TZ]/10;
      DIGPORT = 0xee; WORDPORT = SD[TZ - 1][5];
      DIGPORT = 0xef; WORDPORT = SD[TZ - 1][4];
      DIGPORT = 0xd3; WORDPORT = SD[TZ - 1][3];
      DIGPORT = 0xd7; WORDPORT = SD[TZ - 1][2];
      DIGPORT = 0xdb; WORDPORT = SD[TZ - 1][1];
      DIGPORT = 0xdf; WORDPORT = SD[TZ - 1][0];
      M1 = Time[0];M2 = Time[1];M3 = Time[2];
      Put_LED = ~Put_LED;                        //LED 指示在设置状态闪亮
    }
    Delay(50);Delay(50);
    Delay(50);Delay(50);

    //用背景色覆盖原来的指针色
    PT_col[t1] = BL_col;
    PT_col[t2] = BL_col;
    PT_col[t3] = BL_col;

    //取指针数值
```

```
if(M3>12) M3 = M3 - 12;
t1 = Ru(M1);t2 = Ru(M2);t3 = Ru(M3 * 5 + M2/12);

//刷新时钟刻度色
PT_col[0 + Xz] = KD_col;
PT_col[5 + Xz] = KD_col;
PT_col[10 + Xz] = KD_col;
PT_col[15 + Xz] = KD_col;
PT_col[20 + Xz] = KD_col;
PT_col[25 + Xz] = KD_col;
PT_col[30 + Xz] = KD_col;
PT_col[35 + Xz] = KD_col;
PT_col[40 + Xz] = KD_col;
PT_col[45 + Xz] = KD_col;
PT_col[50 + Xz] = KD_col;
PT_col[55 + Xz] = KD_col;

//显示时钟
PT_col[t1] = COL_MOD[CM][2];
PT_col[t2] = COL_MOD[CM][3];
PT_col[t3] = COL_MOD[CM][4];


Delay(50);Delay(50);
Delay(50);Delay(50);
Delay(50);Delay(50);

//键盘处理
if(Key0 = = 0){                              //设置键
  Delay(120);
    if(Key0 = = 0) {if(TZ>0) TZ - - ; else TZ = 5;}
  if(TZ = = 0) SetupDs12887();
  Delay(1200);
}

Delay(50);Delay(50);
Delay(50);Delay(50);

if(Key1 = = 0){                              //加法键
```

```c
        Delay(120);
        if(Key1 = = 0) {
            if(Time[TZ]<maxnum[TZ-1]) Time[TZ]++;  else Time[TZ] = minnum[TZ-1];
        }
        Delay(1200);
    }

    Delay(50);Delay(50);
    Delay(50);Delay(50);

    if(Key2 = = 0){                                         //减法键
        Delay(120);
        if(Key2 = = 0) {
            if(Time[TZ]>minnum[TZ-1]) Time[TZ]--;  else Time[TZ] = maxnum[TZ-1];
        }
        Delay(1200);
    }

    Delay(50);Delay(50);
    Delay(50);Delay(50);
}
}
```

## 程序 7-2

```c
/***********************************************
 * 文件名:ds12887.h
 * 说明:实时时钟芯片 DS12887 驱动程序
 ***********************************************/
#include <absacc.h>

//BCD 码转换
#define NUM2BCD(x) ((((x)/10)<<4)|(x%10))
#define BCD2NUM(x) (((x)>>4)*10+((x)&0x0f))


//时钟寄存器
#define TIME_SECOND    XBYTE[0xff00]
#define TIME_MINUTE    XBYTE[0xff02]
#define TIME_HOUR      XBYTE[0xff04]
```

```c
#define TIME_DAY        XBYTE[0xff06]
#define TIME_DATE       XBYTE[0xff07]
#define TIME_MONTH      XBYTE[0xff08]
#define TIME_YEAR       XBYTE[0xff09]

//控制寄存器
#define REGISTERA       XBYTE[0xff0A]
#define REGISTERB       XBYTE[0xff0B]
#define REGISTERC       XBYTE[0xff0C]
#define REGISTERD       XBYTE[0xff0D]

unsigned char Time[] = {0,0,0,1,1,10};            //时钟变量数组


//设置 DS12C887
SetupDs12887(void)
{
    REGISTERA = 0x70;
    REGISTERB = 0xa2;
    //设置时间
    TIME_SECOND = NUM2BCD(Time[0]);
    TIME_MINUTE = NUM2BCD(Time[1]);
    TIME_HOUR   = NUM2BCD(Time[2]);

    TIME_DATE   = NUM2BCD(Time[3]);
    TIME_MONTH  = NUM2BCD(Time[4]);
    TIME_YEAR   = NUM2BCD(Time[5]);
    //计时开始
    REGISTERA = 0x20;                             //开始走时
    REGISTERB = 0x22;
}


//读出 DS12C887
void ReadDs12887(void)
{
    Time[0] = BCD2NUM(TIME_SECOND);
    Time[1] = BCD2NUM(TIME_MINUTE);
```

```
        Time[2] = BCD2NUM(TIME_HOUR);

        Time[3] = BCD2NUM(TIME_DATE);
        Time[4] = BCD2NUM(TIME_MONTH);
        Time[5] = BCD2NUM(TIME_YEAR);
}
```

## 7.5 调试及使用

### 1. 系统调试

由于程序中采用的自适应转速调节方法,硬盘时钟的正常运行几乎与主轴电动机的转速无关,在较大范围内不需要修改程序。

### 2. 完成效果图

硬盘时钟完成后的效果图如图 7-27 所示。

图 7-27 硬盘时钟运行状态

## 7.6 后 记

我想,最初第一个用硬盘改做时钟的 Alan Parekh 一定不会预料到,如今的硬盘时钟经过世界各地 DIY 爱好者的不断努力,已经一步步向实用和方便性迈进。相信硬盘时钟还会进一步发扬光大。

# 第 8 章

# 辉光管 POV 显示时钟

## 8.1 引 言

辉光管是一种靠气体放电显示数字符号的古董器件,其外型如图 8-1 所示。在早期 LED 数码管还没有流行时,被常用在高档的仪器仪表上。由于辉光管在显示时会发出迷人的橙色光,加上人们的复古的思潮,你可以从互联网上,看到世界各地的爱好者用它制作出各种各样的电子钟。

图 8-1  各种辉光管

由于辉光管是三四十年前的东西,加上喜欢辉光管的人越来越多,要找到一只都很困难。这样一来,许多爱好者开始用一只辉光管来做"单辉光管时钟"。这的确是一个不错的主意,只是在识别上有些麻烦,要依次从"时"的十位和个位以及"分"的十位和个位依次的读出。那么,如用 POV 方式显示这单管的辉光管时钟,效果又如何呢? 不妨现在就动手试试看。

# 第 8 章　辉光管 POV 显示时钟

本章的 POV 项目如表 8-1 所列。

表 8-1　POV 制作项目之七：辉光管 POV 显示时钟

| POV 项目 | 辉光管 POV 显示时钟 |
|---|---|
| 发光体 | 辉光管 |
| 运动方式 | 旋转 |
| 供电方式 | 电刷供电 |
| 传感器 | 光偶传感器 |
| 主控芯片 | AT89S52 |
| 调控方式 | 两个按键 |
| 功　能 | 单管显示及 POV 显示两种方式 |

（1）单片机：单片机选用双插直列封装的 AT89S52，芯片支持在线编程，不需要编程器，只需在主控板上配备 ISP 下载接口。

（2）辉光管：尽量选用立式的辉光管，我用的型号是 PHILPS ZM1000，由于辉光管的工作电压差别不大，关键是注意引脚的接线。

（3）供电：由于系统运行时，消耗的电流较大，采用简单易行的电刷供电方式。

（4）传感器：采用透射式光续断器。

（5）时钟芯片：时钟芯片采用 DS1302，这样，占用端口少，失电仍能保证走时。

（6）功能：两种显示方式，一种是普通的单管时钟显示，另一种是旋转 POV 显示，两种显示方式自动进行转换。

## 8.2　系统构成

### 8.2.1　系统状态转移图

当第一次接通电源时，系统会有开机自检过程，分别显示 0～9 等数字，然后进入单管显示模式，如按下接通电动机的按键，系统处于旋转状态，将自动转为 POV 显示模式。

当同时按 AB 两键后，系统将进入调整状态。

而在调整状态时,按 A 键改变调整项,按 B 键则改变调整值。

系统的状态转移图如图 8-2 所示。

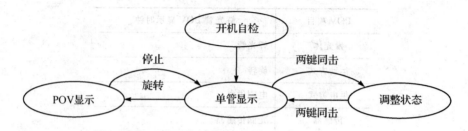

图 8-2 系统状态转移图

## 8.2.2 系统框图

为系统提供的是 9 V 电源,一方面,通过三端稳压 IC 为单片机及外围器件提供 5 V 电压;另一方面通过升压电路为辉光管提供 100 多伏的工作电压。

升压电路需要的振荡波,由单片机提供。系统框图如图 8-3 所示。

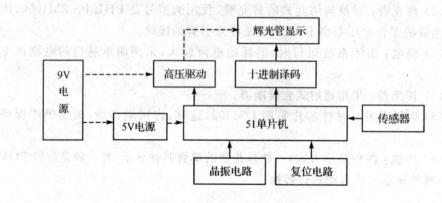

图 8-3 系统框图

## 8.2.3 系统硬件结构草图

系统硬件结构草图如图 8-4 所示。为了减少干扰,方便调试,让结构更加紧凑,电路分布在两张电路板上:一个是主控电路,另一个是显示驱动电路。

第 8 章　辉光管 POV 显示时钟

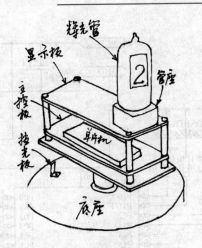

图 8-4　系统结构草图

## 8.3　硬件制作

### 8.3.1　电路原理图

电路原理图如图 8-5、图 8-6 所示。

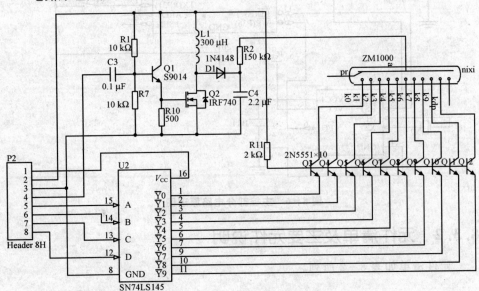

图 8-5　系统显示驱动部分电路原理图

# 第8章 辉光管POV显示时钟

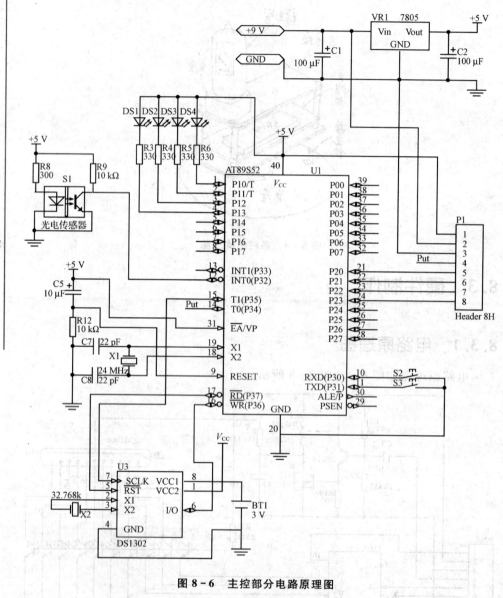

图8-6 主控部分电路原理图

## 8.3.2 元件清单及主要元件说明

元件清单如表8-2所列。

表 8-2 POV 辉光管电路元件清单

| 元器件 | 规格或型号 | 图中编号 | 数量 | 说明 |
|---|---|---|---|---|
| 单片机 | AT89S52 | U1 | 1 | 双列直插封装 |
| 4—10 译码器 | 74LS145 | U2 | 1 | |
| 时钟 IC | DS1302 | U3 | 1 | 双列直插封装 |
| 场效应晶体管 | IRF740 | Q2 | 1 | |
| 晶体管 | S9014 | Q1 | 1 | |
| 晶体管 | 2N5551 | Q3~Q12 | 10 | |
| 三端稳压器 | 7805 | VR1 | 1 | |
| 二极管 | 1N4148 | D1 | 1 | |
| 发光二极管 | | DS1~DS4 | 4 | 选用外形尺寸较小的 |
| 电解电容 | 10 μF | C5 | 1 | |
| | 100 μF | C1,C2 | 2 | |
| 电容 | 2.2 μF | C4 | 1 | 耐压大于 250 V |
| | 0.1 μF | C3 | 1 | |
| | 30 pF | C7,C8 | 2 | |
| 电阻 | 10 kΩ | R1,R7,R12,R9 | 4 | |
| | 150 kΩ | R2 | 1 | |
| | 300 Ω | R8 | 1 | |
| | 330 Ω | R3~R6 | 4 | |
| | 2 kΩ | R11 | 2 | |
| | 500 Ω | R10 | 1 | |
| 电感 | 300 μH | L1 | 1 | |
| 晶振 | 24 MHz | X1 | 1 | |
| | 32.768 kHz | X2 | 1 | |
| 光断续器 | | S1 | 1 | 透射式 |
| 辉光管 | ZM1000 | nixi | 1 | 可用其他立式辉光管代替 |
| 按键开关 | | S2,S3 | 2 | |
| 其他 | 钮扣电池,接插件等 | | | |

# 第8章 辉光管POV显示时钟

## 1. 辉光管

辉光管是早期用来显示数字或其他信息的电子器件,它的发光原理与氖管一样,都是气体放电导致发光。其结构是在充入氖、氦或氩等惰性气体的玻璃管内,封装了金属丝网和一些数字或其他符号的电极,其中金属丝网作为这阳极,各种符号作为阴极,如图8-7所示。

在阳极和每个阴极之间接约170 V的直流电压,辉光管就显示橙黄色的所需要的数字或符号,在阳极和阴极之间流过的电流有几毫安。

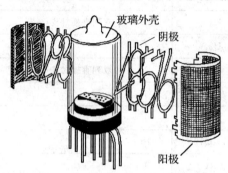

图8-7 辉光管结构示意图

本制作使用的辉光管是ZM1000,在电气指标方面没有什么特别要注意的,只是要弄清各引脚的定义就可以了。其引脚图如图8-8所示。

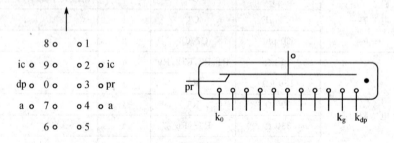

图8-8 辉光管引脚图及元件符号

## 2. 2N5551

2N5551引脚定义如图8-9所示。

2N5551为NPN型高压开关晶体管,其参数如下:

直流电流增益hFE最小值(dB):80

直流电流增益hFE最大值(dB):250

集电极—发射集最小雪崩电压$V_{ceo}$(V):160

集电极最大电流$I_c$(max)(mA):0.600

最小电流增益带宽乘积Ft(MHz):100

## 3. 74LS145

74LS145 为 BCD 转十进制译码器,每一路输出晶体管可吸收高达 80 mA 的电流。

引脚定义如图 8-10 所示,内部逻辑图如图 8-11 所示,真值表如表 8-3 所列。

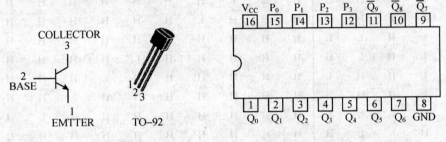

图 8-9　2N5551 引脚定义　　　　图 8-10　74LS145 引脚定义

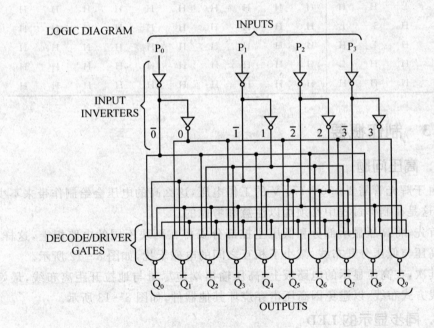

图 8-11　74LS145 逻辑图

# 第8章 辉光管 POV 显示时钟

表 8-3 74LS145 真值表

| INPUTS | | | | OUTPUTS | | | | | | | | | |
|---|---|---|---|---|---|---|---|---|---|---|---|---|---|
| $P_3$ | $P_2$ | $P_1$ | $P_0$ | $Q_0$ | $Q_1$ | $Q_2$ | $Q_3$ | $Q_4$ | $Q_5$ | $Q_6$ | $Q_7$ | $Q_8$ | $Q_9$ |
| L | L | L | L | L | H | H | H | H | H | H | H | H | H |
| L | L | L | H | H | L | H | H | H | H | H | H | H | H |
| L | L | H | L | H | H | L | H | H | H | H | H | H | H |
| L | L | H | H | H | H | H | L | H | H | H | H | H | H |
| L | H | L | L | H | H | H | H | L | H | H | H | H | H |
| L | H | L | H | H | H | H | H | H | L | H | H | H | H |
| L | H | H | L | H | H | H | H | H | H | L | H | H | H |
| L | H | H | H | H | H | H | H | H | H | H | L | H | H |
| H | L | L | L | H | H | H | H | H | H | H | H | L | H |
| H | L | L | H | H | H | H | H | H | H | H | H | H | L |
| H | L | H | L | H | H | H | H | H | H | H | H | H | H |
| H | L | H | H | H | H | H | H | H | H | H | H | H | H |
| H | H | L | L | H | H | H | H | H | H | H | H | H | H |
| H | H | L | H | H | H | H | H | H | H | H | H | H | H |
| H | H | H | L | H | H | H | H | H | H | H | H | H | H |
| H | H | H | H | H | H | H | H | H | H | H | H | H | H |

## 8.3.3 制作概要

### 1. 高压问题

由于辉光管需要 130~170 V 的工作电压,这么高的电压会给制作带来不少麻烦,这是在制作过程中必须加以注意和考虑的。

首先,将高压显示部分和低压主控部分安排在两块不同的电路板上,这样,使得高压与低压分开布线,减小了相互之间的电磁干扰,如图 8-12 所示。

其次,在高压显示的电路板上,高压输出端应尽量与地拉开距离布线,最好用飞线方式布线,以避免因高压击穿烧坏其他器件,如图 8-13 所示。

### 2. 同步显示的 LED

时钟处在单管显示的方式或调时方式时,当辉光管分别显示"时十位"、"时个位"、"分十位"和"分个位"时,用排在一起的 4 只 LED 同步显示,使之更加直观,容易识别。

图 8-12　将高压电路与低压电路分开　　　图 8-13　高压输出采用飞线方式

在 LED 的安排上，4 只 LED 两两相并，中间留下一些间隔，如图 8-14 所示。

### 3. 供电装置

本制作用的是电刷供电方式。

旋转的电路部分与电动机轴的连接是用光驱拆下的 CD 托盘构件，而这个构件与电动机轴结合部分是绝缘材料，只需要尺寸合适的两个金属环套上就成了电刷供电装置导电滑环，如图 8-15 所示。

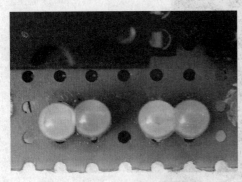

图 8-14　同步显示的 LED　　　　　　图 8-15　导电滑环

图 8-16 所示为安装在底座上的电刷。

## 第8章 辉光管 POV 显示时钟

图 8-16 供电电刷

### 8.3.4 完成图

完成图如图 8-17 所示。

图 8-17 辉光管 POV 显示时钟完成图

## 8.4 软件设计

### 8.4.1 编程中的问题及解决方案

**1. 驱动高压的振荡波**

产生高压的振荡波由定时器 T0 中断服务程序完成,程序中增加一变量"SW"能"打开"或"关闭"高压。其程序如下:

```
void timer0(void) interrupt 1
    {
    TH0 = 65504/256;
    TL0 = 65504 % 256;
    if(SW = = 1) Put0 = ! Put0;          //当"开"状态时,输出振荡脉冲,使高压发生
    }
```

**2. 时间调整**

因一次只能显示一个数码,在调整时间时,还需要用 LED 作为调节项的指示。

为了调整数值的合理性,对各调整项的值作了限制:

(1) 时十位取值范围为 0~2。

(2) 对于时个位:当时十位为 0 和 1,其取值范围为 0~9;当时十位为 2 时,取值范围为 0~3。

(3) 分十位取值范围为 0~5。

(4) 分个位取值范围为 0~9。

**3. 消除鬼影**

在调试时发现,当辉光管从亮到灭时,显屏仍出现有短暂光亮现象,影响显示效果。好在产生的高压振荡波是由单片机提供,当出现关闭辉光管时,让程序不输出振荡波,这样就不能产生高压,使问题得到了解决。并且还有一个好处,明显地减少电能的消耗,这在用电池供电时是很有必要的。

## 8.4.2 完整源程序

程序 8-1

```
//------------------------------------------------
//程序名：POV 显示辉光管时钟
//编　程：周正华
//说　明：单片机 89S52,晶振 11.0592M
//------------------------------------------------


//------------------------------------------------
//**　嵌入文件　**
//------------------------------------------------
#include <reg52.h>              //51单片机硬件资源参数说明
#include "DS1302.h"


//------------------------------------------------
//**　变量说明　**
//------------------------------------------------

/*硬件端口定义*/
sbit Key1 = P3^0;                //按键A
sbit Key2 = P3^1;                //按键B

sbit Put0 = P3^4;                //振荡脉冲输出

sbit LED1 = P1^0;                //指示时十位
sbit LED2 = P1^1;                //指示时个位
sbit LED3 = P1^2;                //指示分十位
sbit LED4 = P1^3;                //指示分个位

unsigned char SW;                //高压输出开关
unsigned char ST;                //调整状态标志
unsigned char TZ;                //调整值
unsigned char MO;                //工作模式
unsigned char TS[4];             //调时变量
unsigned int N;                  //预设旋转一周定时中断1中断次数
unsigned int S;                  //计时数
```

## 第 8 章  辉光管 POV 显示时钟

```
unsigned int Q;              //旋转一周定时中断 1 的实际中断次数
int Pt;                      //POV 显示时定时中断 1 的初设值

//------------------------------------------------
// * * 延时程序 * *
//------------------------------------------------
void Delay(unsigned int msec)
{
  unsigned int x;
  for(x = 0; x< = msec;x + + );
}


//------------------------------------------------
// * * 外部中断服务程序/自适应转速调节 * *
//------------------------------------------------
void intersvr0(void) interrupt 0 using 1
{
  unsigned int D;

  TH1 = - 1;TL1 = - 1;
  D = D + (Q - N) * 50;
  Pt = 1000 + D;
  Q = 0;
  if(MO = = 0) {MO = 1;D = 0;Pt = 1000;}    //转入 POV 显示模式
}


//------------------------------------------------
// * * 定时器中断 0 处理/输出脉冲用于产生高压 * *
//------------------------------------------------
void timer0(void) interrupt 1
{
  TH0 = 65504/256;
  TL0 = 65504 % 256;
  if(SW = = 1) Put0 = ! Put0;         //当"开"状态时,输出振荡脉冲,使高压发生
}


//------------------------------------------------
```

## 第8章 辉光管 POV 显示时钟

```
// * * 定时器中断1处理/控制辉光管的显示 * *
//--------------------------------------------------
void timer1(void) interrupt 3
{
  if(M0 = = 2)                      //开机显示模式
  {
    TH1 = 35536/256;
    TL1 = 35536 % 256;

    SW = 1;

    if(S = = 0)                     //显示"0"
    {
      P2 = 0;
      LED1 = 0;
    }
    if(S = = 90)
    {
      P2 = 0xff;
      LED1 = 1;
    }

    if(S = = 100)                   //显示"1"
    {
      P2 = 1;
      LED2 = 0;
    }
    if(S = = 190)
    {
      P2 = 0xff;
      LED2 = 1;
    }

    if(S = = 200)                   //显示"2"
    {
      P2 = 2;
      LED3 = 0;
    }
```

```c
if(S = = 290)
{
  P2 = 0xff;
  LED3 = 1;
}

if(S = = 300)                    //显示"3"
{
  P2 = 3;
  LED4 = 0;
}
if(S = = 390)
{
  P2 = 0xff;
  LED4 = 1;
}

if(S = = 400)                    //显示"4"
{
  P2 = 4;
  LED1 = 0;
}
if(S = = 490)
{
  P2 = 0xff;
  LED1 = 1;
}


if(S = = 500)                    //显示"5"
{
  P2 = 5;
  LED2 = 0;
}
if(S = = 590)
{
  P2 = 0xff;
  LED2 = 1;
}
```

```c
        if(S= =600)                    //显示"6"
        {
          P2 = 6;
          LED3 = 0;
        }
        if(S= =690)
        {
          P2 = 0xff;
          LED3 = 1;
        }

        if(S= =700)                    //显示"7"
        {
          P2 = 7;
          LED4 = 0;
        }
        if(S= =790)
        {
          P2 = 0xff;
          LED4 = 1;
        }

        if(S= =800)                    //显示"8"
        {
          P2 = 8;
          LED1 = 0;
          LED2 = 0;
          LED3 = 0;
          LED4 = 0;
        }
        if(S= =890)
        {
          P2 = 0xff;
        }

        if(S= =900)                    //显示"9"
        {
          P2 = 9;
```

```c
      LED1 = 1;
      LED2 = 1;
      LED3 = 1;
      LED4 = 1;
    }
    if(S = = 990)
    {
      P2 = 0xff;
    }
    S+ + ;
    if(S>1000) {S = 0;MO = 0;}
}

if(MO = = 0)                    //单管显示模式
{
    if(ST = = 0)
    {
      TH1 = 15536/256;
      TL1 = 15536 % 256;

      if(S = = 0)               //显示时十位
      {
        SW = 1;
        P2 = Time[2]/10;
        LED1 = 0;
      }
      if(S = = 90)
      {
        P2 = 0xff;
        LED1 = 1;
      }

      if(S = = 100)             //显示时个位
      {
        P2 = Time[2] % 10;
        LED2 = 0;
      }
      if(S = = 190)
```

## 第8章 辉光管 POV 显示时钟

```c
    {
        P2 = 0xff;
        LED2 = 1;
        SW = 0;
    }

    if(S = = 300)                    //显示分十位
    {
        SW = 1;
        P2 = Time[1]/10;
        LED3 = 0;
    }

    if(S = = 390)
    {
        P2 = 0xff;
        LED3 = 1;
    }

    if(S = = 400)                    //显示分个位
    {
        P2 = Time[1] % 10;
        LED4 = 0;
    }
    if(S = = 490)
    {
        P2 = 0xff;
        LED4 = 1;
        SW = 0;
    }
    S + + ;if(S>650) S = 0;
}

if(ST = = 1)                         //调时显示模式
{
    if(S = = 0)
    {
        SW = 1;
```

```
      P2 = TS[TZ];
      switch(TZ)
      {
        case 0: LED1 = 0; break;
        case 1: LED2 = 0; break;
        case 2: LED3 = 0; break;
        case 3: LED4 = 0; break;
      }

      if(S = = 50)
      {
        P2 = 0xff;
        SW = 0;
        LED1 = 1;
        LED2 = 1;
        LED3 = 1;
        LED4 = 1;
      }
      S + + ;if(S>100) S = 0;
  }
}

if(MO = = 1)                        //POV 显示模式
{
  TH1 = - Pt/256;
  TL1 = - Pt % 256;

  if(Q = = 0)                       //显示时十位
  {
    SW = 1;
    P2 = Time[2]/10;
  }
  if(Q = = 3)
  {
    P2 = 0xff;
  }
```

```c
        if(Q==10)                   //显示时个位
        {
            P2 = Time[2]%10;
        }
        if(Q==13)
        {
            P2 = 0xff;
        }

        if(Q==25)                   //显示分十位
        {
            P2 = Time[1]/10;
        }
        if(Q==28)
        {
            P2 = 0xff;
        }

        if(Q==35)                   //显示分个位
        {
            P2 = Time[1]%10;
        }
        if(Q==38)
        {
            P2 = 0xff;
            SW = 0;
        }
        Q++;
        if(Q>2*N) {MO=0;Q=0;}       //自动转入单管显示模式
    }
}


//------------------------------------------------
//* *   主程序   * *
//------------------------------------------------

void main(void)
```

## 第8章 辉光管 POV 显示时钟

```c
{
    /* 中断程序初始化 */
    TH0 = 0; TL0 = 0;
    TR0 = 1; ET0 = 1;


    TH1 = 0; TL1 = 0;
    TR1 = 1; ET1 = 1;


    IT0 = 1; EX0 = 1;

    EA = 1;

    ST = 0;
    N = 160;
    M0 = 2;

    P0 = 0x00;

//  Set1302();
    for(;;){

      Get1302();

      if((Key1 = = 0)&&(Key2 = = 0))            //AB 键同时按下
      {
        Delay(6000);
        if((Key1 = = 0)&&(Key2 = = 0)) ST = ! ST;    //进入或退出设置程序
        if(ST = = 0)
        {
          Time[2] = TS[0] * 10 + TS[1];
          Time[1] = TS[2] * 10 + TS[3];
          Set1302();                              //保存设置
        }
        else
        {
          TZ = 0;
          TS[0] = Time[2]/10;
          TS[1] = Time[2] % 10;
```

```c
      TS[2] = Time[1]/10;
      TS[3] = Time[1] % 10;
    }
  }

  if((Key1 = = 0)&&(Key2 = = 1)&&(ST = = 1))         //A 键按下
  {
    Delay(6000);
    if((Key1 = = 0)&&(Key2 = = 1))
    {
      if(TZ = = 3) TZ = 0; else TZ + + ;              //改变调整项
    }
  }

  if((Key1 = = 1)&&(Key2 = = 0))                      //B 键按下
  {
    Delay(6000);
    if((Key1 = = 1)&&(Key2 = = 0)&&(ST = = 1))
    {
      if(TZ = = 0)                                    //改变调整值
      {
        if(TS[0] = = 2) TS[0] = 0; else   TS[0] + + ;
      }

      if(TZ = = 1)
      {
        if(TS[0] = = 2)
        {
          if(TS[1] = = 3) TS[1] = 0; else TS[1] + + ;
        }
        else
        {
          if(TS[1] = = 9) TS[1] = 0; else TS[1] + + ;
        }
      }

      if(TZ = = 2)
      {
```

```
            if(TS[2] = = 5) TS[2] = 0; else TS[2] + + ;
        }
        if(TZ = = 3)
        {
            if(TS[3] = = 9) TS[3] = 0; else TS[3] + + ;
        }
    }
}
```

## 8.5 系统调试

### 8.5.1 调　试

　　制作完成后，先不连接有高压的显示部分，首先检查单片机是否正常工作，再看 AT89S52 的第 14 脚是否有脉冲输出。最后接上高压显示部分，进一步进行调试。

　　在调试过程中一定要小心，避免受到电路中的高压电击，即使是接通电源后关闭电源的情况下，电路中的电容仍然还有高压存在。

### 8.5.2 完成效果图

　　完成的效果图如图 8-18 所示。

(a) 二进制显示模式　　　　　　　　　(b) POV 显示模式

图 8-18　完成的效果图

## 8.6 后 记

本制作在 POV 显示模式下,显示效果感觉还是不怎么理想,主要是辉光管的显示反应较慢,尽管采取了措施,尽量缩短了旋转平台的半径,显示亮度还是较低。

不过,作为一种尝试,用辉光管做 POV 显示时钟,算是一个新创意吧。而且,对一位电子 DIY 爱好者来说,真正的乐趣其实就是在整个制作过程中。

# 第 9 章

# 双显示模式 POV LED 时钟

## 9.1 引 言

本章介绍的旋转 POV LED 时钟,在国外一般称为"螺旋桨时钟"(propeller clock)。我们做的这个时钟具有两种显示模式:一种是字符式数字显示模式,可在一个屏上显示年月日和时分秒信息;另一种是指针式模拟显示模式,可仿真指针式钟表显示时分秒信息。同时还设有红外线遥控功能,我们可通过遥控器改变显示模式和调整时钟的时值。

本章的 POV 项目如表 9-1 所列。

表 9-1 POV 制作项目之八:双显示模式 POV LED 时钟

| POV 项目 | 双显示模式 POV LED 时钟 |
|---|---|
| 发光体 | 32 只贴片封装 LED |
| 运动方式 | 旋转 |
| 供电方式 | 电刷供电 |
| 传感器 | 光偶传感器 |
| 主控芯片 | AT89S52 |
| 调控方式 | 红外遥控 |
| 功 能 | "数字"和"模拟"两种方式显示时钟 |

(1) 单片机:采用支持 ISP 下载功能的单片机方便程序下载及调试。

(2) LED:为了使模拟显示模式下,能有比较好的显示效果,选用 32 只贴片封装的 LED,并让其紧密排列。

# 第9章 双显示模式 POV LED 时钟

(3) 传感器：采用透射式光断续器来检测旋转体的运动状态。

(4) 主轴电动机 用的是小型直流电动机，可通过调整供电电压来控制转速。

(5) 红外遥控器：红外遥控器尽量选用按键少的，这里用的是松下车机的遥控器，共有8个按键，我们只用其中的6个按键。

(6) 功能：在数字式显示模式下，上半部分显示时、分、秒，下半部分显示年、月、日。在模拟式显示模式下，采用仿真指针式表盘的形式，显示时、分、秒信息。

## 9.2 系统构成

### 9.2.1 系统功能及状态转移图

整个系统的工作分为显示及调整两种状态，其中显示状态又分为数字显示和模拟显示两种模式，其之间的状态转移图如图9-1，图9-2所示。

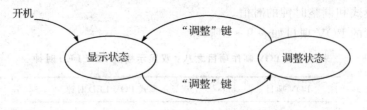

图9-1 系统状态转移图

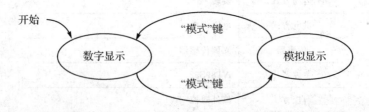

图9-2 显示模式状态转移图

图9-3为调整项的状态转移图，通过按"左移"键和"右移"键控制状态之间的转换。

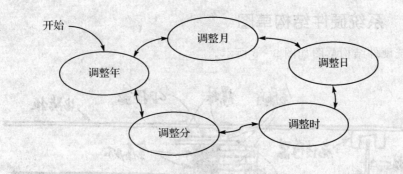

图 9-3 调整项状态转移图

### 9.2.2 系统框图及系统程序模块

系统框图如图 9-4 所示。

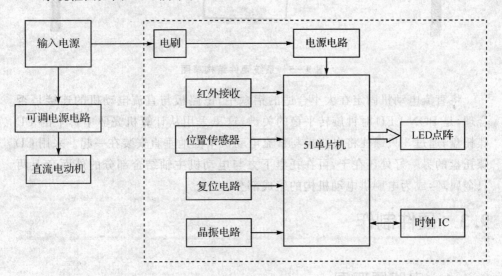

图 9-4 系统框图

从外接电源插座引入的电源分成两路：一路通过可调电源电路为直流电动机供电，让电动机达到一个合适的转速；另一路通过电刷将电源传给旋转运动的主控板上，通过电源电路转换成 5 V 电源，给系统供电。

### 9.2.3 系统硬件结构草图

系统硬件结构草图如图 9-5 所示。

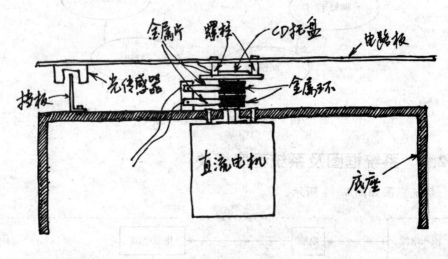

图 9-5 系统硬件结构草图

将直流电动机固定在大小合适的铝盒中,电路板与直流电动机的连接是否合理,是 PON LED 时钟旋转平稳的关键,这里采用从计算机光驱中拆下的 CD 碟托盘,通过 3 只螺柱将电路板与直流电动机牢固地垂直安装在一起。采用 CD 碟托盘的另一好处还在于,可在托盘下方与电动机主轴结合部分的外面套上两只金属环,成为电刷供电动机构的组成部分。

## 9.3 硬件制作

### 9.3.1 电路原理图

电路原理图如图 9-6 所示。

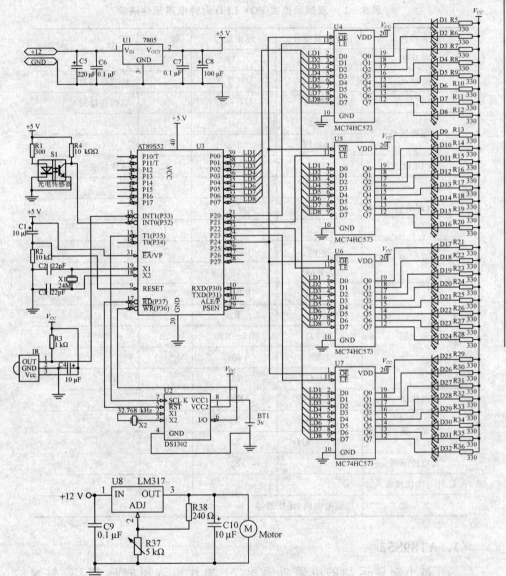

图 9-6 电路原理图

## 9.3.2 元件清单及主要元件说明

元件清单如表 9-2 所列。

## 第9章 双显示模式 POV LED 时钟

表9-2 双显示模式 POV LED 时钟电路元件清单

| 元器件 | 规格或型号 | 图中编号 | 数量 | 说 明 |
|---|---|---|---|---|
| 单片机 | AT89S52 | U3 | 1 | |
| 时钟IC | DS1302 | U2 | 1 | 双列直插封装 |
| 并行锁存 | 74HC573 | U4~U7 | 4 | 双列直播封装 |
| 三端稳压器 | 7805 | U1 | 1 | |
| | LM317 | U8 | 1 | |
| LED | 0603 | D1~D32 | 32 | 贴片封装 |
| 电解电容 | 10 μF | C1,C4,C10 | 3 | |
| | 100 μF | C8 | 1 | |
| | 220 μF | C5 | 1 | |
| 电容 | 22 pF | C2,C3 | 2 | |
| | 0.1 μF | C6,C7,C9 | 3 | |
| 电阻 | 10 kΩ | R2,R4 | 2 | |
| | 300 Ω | R1 | 1 | |
| | 330 Ω | R5~R36 | 32 | |
| | 1 kΩ | R3 | 1 | |
| | 240 Ω | R38 | 1 | |
| 电位器 | 5 kΩ | R37 | 1 | |
| 晶振 | 24 MHz | X1 | 1 | |
| | 32.768 kHz | X2 | 1 | |
| 光电传感器 | | S1 | 1 | |
| 红外一体化接收头 | | | 1 | |
| 其他 | 直流电动机,遥控器等 | | | |

### 1. AT89S52

为了减小旋转运动的电路板面积,51单片机选用的是 PLCC 封装的 AT89S52。AT89S52 外型及配套的 IC 座外型如图9-7所示。

PLCC 封装的 AT89S52 引脚定义如图9-8所示。

使用针插式的 IC 座,能很方便的安装在万用电路板上。IC 座的引脚定义如图9-9所示。

# 第9章 双显示模式 POV LED 时钟

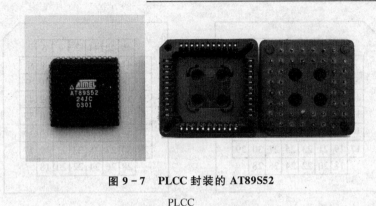

图 9-7 PLCC 封装的 AT89S52

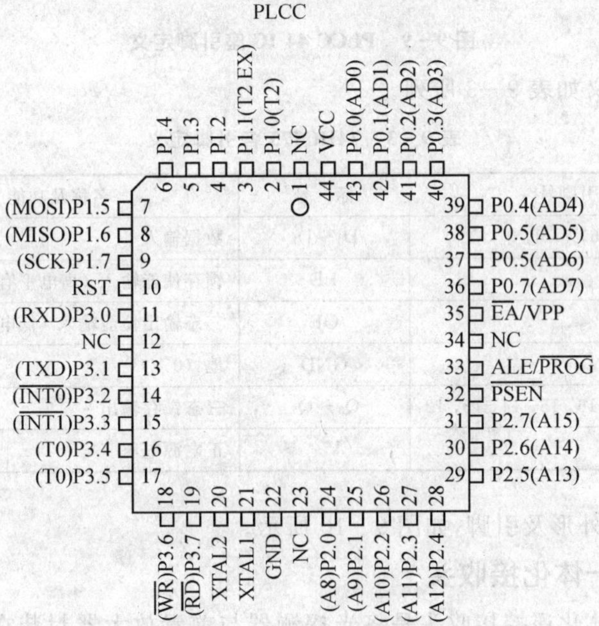

图 9-8 PLCC 封装的 AT89S52 引脚定义

## 2. 74HC573

大家知道,单片机 AT89S52 只有 32 个输入/输出口,在控制的 LED 数量过多时,再加上其他外围电路,往往感觉端口不够用,通常采用的办法是在外围增加锁存器电路来扩展控制端口的数量。

74HC573 是一个三态 8 位数据锁存器。

当锁存使能端为高时,这些器件的锁存对于数据是透明的(也就是说输出同步)。当锁存使能变低时,符合建立时间和保持时间的数据会被锁存。

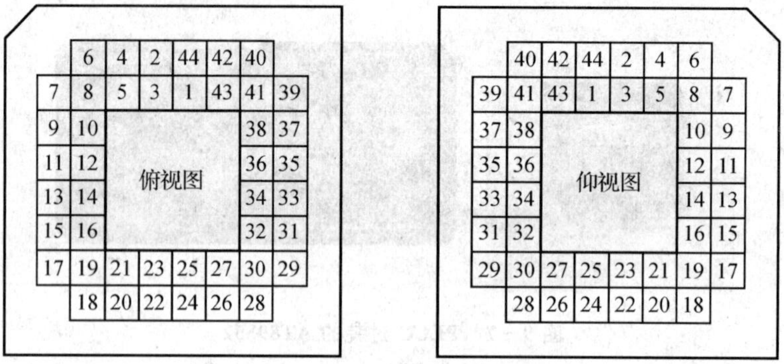

## 第9章 双显示模式 POV LED 时钟

图 9-9  PLCC 44 IC 座引脚定义

各引脚定义如表 9-3 所列。

表 9-3  74HC573 各引脚定义

| 引脚号 | 标 号 | 名称及功能 |
| --- | --- | --- |
| 2,3,4,5,6,7,8,9 | $D_0 \sim D_7$ | 数据输入 |
| 11 | LE | 锁存使能输入（高电平有效） |
| 1 | OE | 三态输出使能输入（低电平有效） |
| 10 | GND | 地（0 V） |
| 19,18,17,16,15,14,13,12 | $Q_0 \sim Q_7$ | 三态锁存输出 |
| 20 | $V_{CC}$ | 正电源电压 |

74HC573 外形及引脚，如图 9-10 所示。

### 3. 红外一体化接收头

红外线一体化遥控接收头是将光探测器与前置放大器封装在一起，以实现遥控信号的放大。带内屏蔽封装可滤除可见光干扰，检波输出可直接由微处理器译码。由于不需要其他外围器件就能工作，抗干扰能力强，适用电压宽（2.2~6.0 V），信号能与 TTL 和 CMOS 电路兼容等特点，广泛用于家用电器、空调、玩具等领域。

常见的两种红外一体化接收头及引脚定义如图 9-11 所示。

### 4. 遥控器

遥控器尽量选用外观小巧、按键少的，POV LED 时钟用了一只松下汽车音响用的遥控器，如图 9-12 所示。

## 第9章 双显示模式 POV LED 时钟

图 9-10 74HC573 外形及引脚图

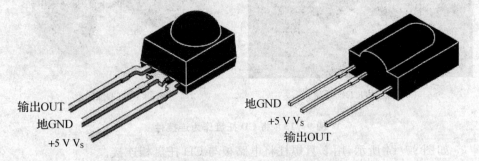

图 9-11 常见红外一体化接收头及引脚定义

图 9-12 遥控器及按键定义

### 9.3.3 制作概要

#### 1. 电路板与电动机的连接

电路板如何与直流电动机的主轴连接是制作中必须要解决好的问题,既需要两者牢固结合,还要保证电路板与电动机主轴垂直相连,这样才能在高速旋转过程中保持平稳运行。

这里采用从光驱中拆下的 CD 碟托盘作为两者的连接件,如图 9-13 所示。

(a) 光驱上的CD碟托盘　　　　　　　　(b) 拆下的CD碟托盘

图 9-13　将 CD 托盘作为连接件

如图 9-14 所示,用 3 只螺柱将电路板与 CD 托盘相连接。

#### 2. 送电电刷

给运动的电路板供电,采用电刷方式,由于 CD 碟的托盘的结构特点,可用两个铜环直接套在其圆杆上,与电路板一起旋转,在底座上的两片金属片分别与这两个铜环接触,给电路板上的系统供电,如图 9-15 所示。

#### 3. LED 的焊接

为使显示效果细致,这里显示用的 LED 选用的是贴片封装的。这样,在焊接制作中,需要改变一下焊接形式。如图 9-16 所示,其整个制作过程如下:

(1) 先将排插焊好,然后焊上贴片电阻(LED 的限流电阻);
(2) 再分别将 LED 直接焊在贴片电阻的焊点上;
(3) 将 LED 的另一端用引线焊接到另一端的排插上;
(4) 这样就可将焊好的 LED 作为显示组件安装在电路板上了。

## 第 9 章 双显示模式 POV LED 时钟

图 9-14 电路板与电动机连接

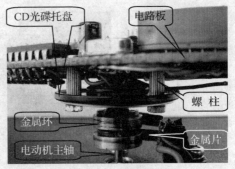

图 9-15 送电组件示意图

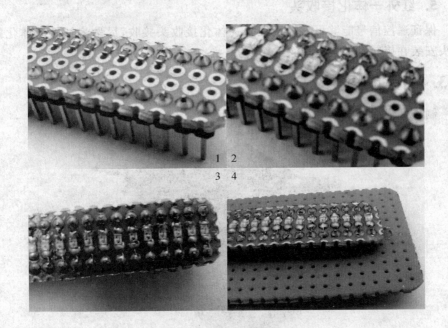

图 9-16 LED 的制作过程

### 4. 配　重

要保持旋转运动的平稳,需要注意的另一问题是系统的动平衡。

如图 9-17 所示,在较轻的一端增加一个配重,并可通过调节螺杆上的螺柱的位置,对动平衡进行微调。

# 第 9 章 双显示模式 POV LED 时钟

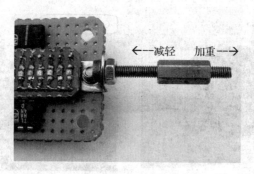

图 9-17 配重及动平衡的微调

### 5. 红外一体化接收头

保证遥控信号能够可靠地被红外一体化接收头接收,尽量将红外一体化接收头安装在旋转轴的中心位置。

## 9.3.4 完成图

制作完成后的实物图如图 9-18 所示。

图 9-18 制作完成的实物图

## 9.4 软件设计

程序编程采用模块方式,除主程序外,将其他程序按功能模块分布在7个文件中,其中还用一个文件用来定义程序中用到的变量,如表9-4所列。

表9-4 程序文件及功能

| 文件名 | 功能说明 |
| --- | --- |
| POV_clock.h | 程序变量 |
| ascii_1.h | ASCII 码字符字模 |
| ascii_2.h | ASCII 字符字模,用于反显时 |
| HZ_12.h | 调整时显示汉字的字模 |
| Delay.h | 延时子程序 |
| DS1302.h | 实时时钟 DS1302 相关程序 |
| Ir.h | 红外遥控接收处理程序 |
| POV_Display.h | 显示用子程序 |

### 9.4.1 编程中的问题及解决方案

**1. 自适应转速**

系统开机后,程序先进入测试转速阶段,通过定时器 T0 得到旋转一周的 256 等份的时间,作为定时器 T1 的初设值,这样就能在很大的范围内不须去考虑转速的多少,均能保证正常显示。其程序在外部中断 0 处理程序中:

```
//通过定时器 T0 测出定时器 T1 初设值
if(Ib==0)
{
  if(kk<60)
  {
    kk++;
    S=S+TH0;     //反复测旋转一周的 256 等份的时间值,TL0 的值则可不考虑
  }
  else
  {
    Ib=1;
```

## 第9章 双显示模式 POV LED 时钟

```
        }
        Ti0 = S/60 + 256;    //取60次的平均值,一般状态下,旋转一周T0会多产生1次中断
                             //故需加256,如转速再高,则不加256
    }
```

得到 Ti0 值还不能直接作为 T1 的初设值,需要根据实际运动状态作些调整,而在指针模式下,需要将整个圆周等分 60 份,也需要对初设值进行修改,这一过程在主程序中的主循环内执行的。其程序段为:

```
if(DM == 1) Tr = Ti0 * 4.22; else Tr = Ti0 * 0.94;
    //不同的显示模式,确定不同定时初始值
    //4.22及0.94为校正值,由试验确定
```

### 2. 数字显示模式

由于 LED 在旋转一周时,上半部分与下半部分的显示是不一样的,如上半部分是正常显示,则下半部分就需要改变显示方向,并且扫描的方向也随之改变。显示的程序也是分开来显示:

```
if(ii<16)                                          //一周显示32个字符
{
    P1 = 0xf1;P0 = ~nAsciiDot1[jj*2+v[ii]*16];     //显示的上半圆部分(正显)
    P1 = 0xf2;P0 = ~nAsciiDot1[1+jj*2+v[ii]*16];
}
else
{
    P1 = 0xf2;P0 = ~nAsciiDot2[14-jj*2+v[ii]*16];  //显示的下半圆部分(反显)
    P1 = 0xf1;P0 = ~nAsciiDot2[15-jj*2+v[ii]*16];
}
```

### 3. 指针显示模式

程序使用简单的移位操作,很容易地实现指针式指示时间。不过,还需要注意的是,12 点的位置,如要与数字显示模式统一的话,需进行转换:

```
P1 = 0xf1;P0 = (0xfe<<3*(ii%5==4))&(0xff>>2*(ii==Tme0))&(0xfe<<5*(ii%15==14));
P1 = 0xf2;P0 = (0xff*(ii!=Tme0)*(ii!=Tme1))&(0xff>>4*(ii==Tme2));
P1 = 0xf4;P0 = (0xff*(ii!=Tme0)*(ii!=Tme1)*(ii!=Tme2));
P1 = 0xf8;P0 = (0xff*(ii!=Tme0)*(ii!=Tme1)*(ii!=Tme2));
```

## 4. 红外遥控处理程序

遥控器没有现成的资料,并不知道内部芯片是什么,但可以通过接收信号来进行分析。当按遥控器中的一键时在示波器上的波形如图 9-19 所示。

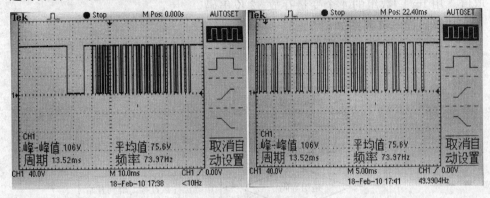

图 9-19 接收波形图

可以看出,其传输格式采用脉宽调制的串行码,共有 32 位串码,其中前 16 位是用户识别码,后 16 位为 8 位数据码及其反码,应该与常见的 UPD6121 芯片兼容。

图 9-20 所示为 UPD6121 串码的传输格式。

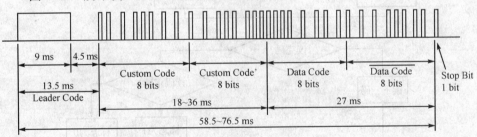

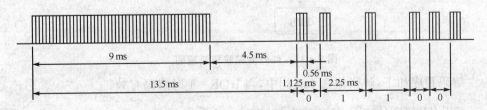

图 9-20 UPD6121 的传输格式

红外线的解码程序采用的是模糊识别法:

(1) 设置 Imax 和 Imin 两个量,作为对引导码时长的上限和下限。如接收

## 第9章 双显示模式 POV LED 时钟

到的引导码在此范围内,开始进行读码。

(2) 取长脉宽的时长与短脉宽时长的平均值为 Inum,当读出的脉宽大于 Inum,则取值为"1",否则为"0"。而识别码长为 8 位,正好可用一字符变量保存取值。用 Im[ ]数组的 4 个变量存放 32 位串码。

其解码程序流程图如图 9-21 所示。

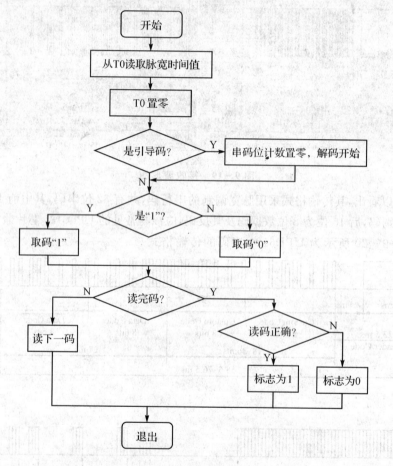

图 9-21 红外遥控解码流程图

解码程序如下,解码值在 Im[2]中,当 IrOK=1 时解码有效。

```
void intersvr1(void)    interrupt 2 using 1
{
    Tc = TH0;                   //提取定时器 T0 时间
    TH0 = 0; TL0 = 0;           //定时定时器 T0 重新置零
```

```c
    if((Tc>Imin)&&(Tc<Imax)) mm = 0;      //找到遥控信号的启始码
    if(Tc>Inum)
    {
       Im[mm/8] = Im[mm/8]>>1|0x80;        //取码"1"
    }
    else
    {
       Im[mm/8] = Im[mm/8]>>1;              //取码"0"
    }
    if(mm = = 32)
    {                                       //取码完成后判断读码是否正确
       if((Im[2]|0x01) = = ~Im[3])
       {
          IrOK = 1;
       }
       else
       {
          IrOK = 0;
       }
    }
    else
    {
       mm + +;                              //准备读下一码
    }
}
```

## 9.4.2 完整源程序

### 程序 9 - 1

```c
#include <reg52.h>
#include <intrins.h>
#include <absacc.h>

#include "ascii_1.h"
#include "ascii_2.h"
#include "HZ_12.h"
#include "Delay.h"
#include "DS1302.h"
```

# 第 9 章 双显示模式 POV LED 时钟

```c
#include "Ir.h"
#include "POV_Display.h"

unsigned char code maxnum[] = {59,23,31,12,99};  //调整值最大限量
unsigned char code minnum[] = {0,0,1,1,0};       //调整值最小限量

/* 演示主程序 */
void main(void)
{
  Ti0 = 0;
  TZ = 0;
  ST = 0;

  IT1 = 1;EX1 = 1;

  TMOD = 0x11;

  TH0 = 0;TL0 = 0;
  TR0 = 1;ET0 = 1;

  TH1 = 0;TL1 = 0;
  TR1 = 1;ET1 = 1;

  IT0 = 1;EX0 = 1;
  EA = 1;

  Set1302();

  for(;;){
    if(DM = = 1) Tr = Ti0 * 4.22; else Tr = Ti0 * 0.94;
                          //不同的显示模式,确定不同定时初始值
                          //4.22 及 0.94 为校正值,由试验确定
    Get1302();            //读时钟

    if(DM = = 0){         //数字显示模式时,将刷新显示缓冲区
      v[4] = Time[2]/10 + 3;
      v[5] = Time[2] % 10 + 3;
```

```c
    v[7] = Time[1]/10 + 3;
    v[8] = Time[1] % 10 + 3;

    v[10] = Time[0]/10 + 3;
    v[11] = Time[0] % 10 + 3;

    v[21] = Time[3]/10 + 3;
    v[20] = Time[3] % 10 + 3;

    v[24] = Time[4]/10 + 3;
    v[23] = Time[4] % 10 + 3;

    v[27] = Time[5]/10 + 3;
    v[26] = Time[5] % 10 + 3;

    v[0] = 0;
    v[1] = 0;
    v[2] = 0;
    v[3] = 0;
    v[6] = 2;
    v[9] = 2;
    v[12] = 0;
    v[13] = 0;
    v[14] = 0;
    v[15] = 0;
    v[16] = 0;
    v[17] = 0;
    v[18] = 0;
    v[19] = 0;
    v[22] = 1;
    v[25] = 1;
    v[28] = 0;
    v[29] = 0;
    v[30] = 0;
    v[31] = 0;
}

Delay100Us;Delay100Us;Delay100Us;        //延时
```

## 第9章 双显示模式 POV LED 时钟

```
Delay100Us;Delay100Us;Delay100Us;
Delay100Us;Delay100Us;Delay100Us;
Delay100Us;Delay100Us;Delay100Us;

if(IrOK = = 1)                          //避免重复接收遥控信号
{
  EX1 = 0;
  Delay(200);
  EX1 = 1;
}

if(IrOK = = 1)                          //红外接收有效
{

  if(Im[2] = = 36)
  {
    ST = ! ST;                          //进入或退出设置状态
    if(ST = = 1)                        //如在设置状态下
    {
      DM = 2;                           //进入显示模式三
    }
    else
    {
      Set1302();                        //保存时间调整值
      DM = 0;                           //回到显示模式一
    }
  }

  if(ST = = 0)                          //非设置状态下,改变显示模式才
                                        //有效
  {
    if(Im[2] = = 52) DM = ! DM;         //时钟显示模式
  }

  if(ST = = 1)                          //设置状态下对调整键处理
  {
    if(Im[2] = = 62)
    {
```

## 第 9 章　双显示模式 POV LED 时钟

```c
            if(TZ<4) TZ++; else TZ=0;              //增量调整项
         }

         if(Im[2]==60)
         {
            if(TZ>0) TZ--; else TZ=4;              //减量调整项
         }

         if(Im[2]==58)
         {
            if(Time[TZ+1]<maxnum[TZ]) Time[TZ+1]++; else Time[TZ+1]=min-
num[TZ];                                           //增大调整值
         }

         if(Im[2]==50)
         {
            if(Time[TZ+1]>minnum[TZ]) Time[TZ+1]--; else Time[TZ+1]=max-
num[TZ];                                           //减小调整值
         }
      }

      Im[2]=0;IrOK=0;                              //退出遥控处理程序时,初始化遥
                                                   //控程序相关变量
   }
  }
}


unsigned char code nAsciiDot1[] =                  //ASCII 码
{
    0x00,0x00,0x00,0x00,0x00,0x00,0x00,0x00,    // -  -
    0x00,0x00,0x00,0x00,0x00,0x00,0x00,0x00,

    0x00,0x0C,0x00,0x06,0x00,0x03,0x80,0x01,    // -/-
    0xC0,0x00,0x60,0x00,0x30,0x00,0x00,0x00,

    0x00,0x00,0x00,0x00,0x00,0x00,0x30,0x06,    // -:-
    0x30,0x06,0x00,0x00,0x00,0x00,0x00,0x00,
```

## 第9章 双显示模式 POV LED 时钟

```c
    0xF8,0x07,0xFC,0x0F,0x04,0x09,0xC4,0x08,   //-0-
    0x24,0x08,0xFC,0x0F,0xF8,0x07,0x00,0x00,

    0x00,0x00,0x10,0x08,0x18,0x08,0xFC,0x0F,   //-1-
    0xFC,0x0F,0x00,0x08,0x00,0x08,0x00,0x00,

    0x08,0x0E,0x0C,0x0F,0x84,0x09,0xC4,0x08,   //-2-
    0x64,0x08,0x3C,0x0C,0x18,0x0C,0x00,0x00,

    0x08,0x04,0x0C,0x0C,0x44,0x08,0x44,0x08,   //-3-
    0x44,0x08,0xFC,0x0F,0xB8,0x07,0x00,0x00,

    0xC0,0x00,0xE0,0x00,0xB0,0x00,0x98,0x08,   //-4-
    0xFC,0x0F,0xFC,0x0F,0x80,0x08,0x00,0x00,

    0x7C,0x04,0x7C,0x0C,0x44,0x08,0x44,0x08,   //-5-
    0xC4,0x08,0xC4,0x0F,0x84,0x07,0x00,0x00,

    0xF0,0x07,0xF8,0x0F,0x4C,0x08,0x44,0x08,   //-6-
    0x44,0x08,0xC0,0x0F,0x80,0x07,0x00,0x00,

    0x0C,0x00,0x0C,0x00,0x04,0x0F,0x84,0x0F,   //-7-
    0xC4,0x00,0x7C,0x00,0x3C,0x00,0x00,0x00,

    0xB8,0x07,0xFC,0x0F,0x44,0x08,0x44,0x08,   //-8-
    0x44,0x08,0xFC,0x0F,0xB8,0x07,0x00,0x00,

    0x38,0x00,0x7C,0x08,0x44,0x08,0x44,0x08,   //-9-
    0x44,0x0C,0xFC,0x07,0xF8,0x03,0x00,0x00,
};

unsigned char code nAsciiDot2[] =            //ASCII 码
{
    0x00,0x00,0x00,0x00,0x00,0x00,0x00,0x00,   //- -
    0x00,0x00,0x00,0x00,0x00,0x00,0x00,0x00,
```

```
    0x00,0x30,0x00,0x60,0x00,0xC0,0x01,0x80,    //-/-
    0x03,0x00,0x06,0x00,0x0C,0x00,0x00,0x00,

    0x00,0x00,0x00,0x00,0x00,0x00,0x0C,0x60,    //-:-
    0x0C,0x60,0x00,0x00,0x00,0x00,0x00,0x00,

    0x1F,0xE0,0x3F,0xF0,0x20,0x90,0x23,0x10,    //-0-
    0x24,0x10,0x3F,0xF0,0x1F,0xE0,0x00,0x00,

    0x00,0x00,0x08,0x10,0x18,0x10,0x3F,0xF0,    //-1-
    0x3F,0xF0,0x00,0x10,0x00,0x10,0x00,0x00,

    0x10,0x70,0x30,0xF0,0x21,0x90,0x23,0x10,    //-2-
    0x26,0x10,0x3C,0x30,0x18,0x30,0x00,0x00,

    0x10,0x20,0x30,0x30,0x22,0x10,0x22,0x10,    //-3-
    0x22,0x10,0x3F,0xF0,0x1D,0xE0,0x00,0x00,

    0x03,0x00,0x07,0x00,0x0D,0x00,0x19,0x10,    //-4-
    0x3F,0xF0,0x3F,0xF0,0x01,0x10,0x00,0x00,

    0x3E,0x20,0x3E,0x30,0x22,0x10,0x22,0x10,    //-5-
    0x23,0x10,0x23,0xF0,0x21,0xE0,0x00,0x00,

    0x0F,0xE0,0x1F,0xF0,0x32,0x10,0x22,0x10,    //-6-
    0x22,0x10,0x03,0xF0,0x01,0xE0,0x00,0x00,

    0x30,0x00,0x30,0x00,0x20,0xF0,0x21,0xF0,    //-7-
    0x23,0x00,0x3E,0x00,0x3C,0x00,0x00,0x00,

    0x1D,0xE0,0x3F,0xF0,0x22,0x10,0x22,0x10,    //-8-
    0x22,0x10,0x3F,0xF0,0x1D,0xE0,0x00,0x00,

    0x1C,0x00,0x3E,0x10,0x22,0x10,0x22,0x10,    //-9-
    0x22,0x30,0x3F,0xE0,0x1F,0xC0,0x00,0x00,
};
```

## 第 9 章  双显示模式 POV LED 时钟

```c
unsigned char code HZ_12[] =
{
        0x80,0x00,0x88,0x1F,0x30,0x48,0x00,0x24,    //"调"
        0xF0,0x1F,0x10,0x01,0x50,0x1D,0xF0,0x15,
        0x50,0x1D,0x10,0x41,0xF8,0x7F,0x10,0x00,

        0x00,0x02,0x00,0x41,0x80,0x41,0x60,0x31,    //"分"
        0x18,0x0F,0x00,0x01,0x00,0x21,0x38,0x41,
        0x40,0x3F,0x80,0x00,0x00,0x01,0x00,0x01,

        0xE0,0x1F,0x20,0x09,0x20,0x09,0x20,0x09,    //"时"
        0xE0,0x1F,0x40,0x00,0x40,0x01,0x40,0x26,
        0x40,0x40,0xF8,0x7F,0x40,0x00,0x40,0x00,

        0x00,0x00,0x00,0x00,0x00,0x00,0xF0,0x3F,    //"日"
        0x10,0x11,0x10,0x11,0x10,0x11,0x10,0x11,
        0x10,0x11,0xF8,0x3F,0x10,0x00,0x00,0x00,

        0x00,0x40,0x00,0x20,0x00,0x10,0xF8,0x0F,    //"月"
        0x48,0x02,0x48,0x02,0x48,0x22,0x48,0x42,
        0x48,0x42,0xF8,0x3F,0x00,0x00,0x00,0x00,

        0x80,0x04,0x40,0x04,0x20,0x04,0x98,0x07,    //"年"
        0x90,0x04,0x90,0x04,0xF0,0x7F,0x90,0x04,
        0x90,0x04,0x98,0x04,0x90,0x04,0x10,0x04
};

//延时函数
#define Delay10Us {_nop_();_nop_();_nop_();_nop_();_nop_();_nop_();_nop_();_nop_();_nop_();_nop_();}
#define Delay100Us {Delay10Us;Delay10Us;Delay10Us;Delay10Us;Delay10Us;\
                    Delay10Us;Delay10Us;Delay10Us;Delay10Us;Delay10Us;}


void Delay(unsigned int msec)
```

```c
{
    unsigned int x,y;
    for(x = 0; x<= msec;x++)
        for(y = 0;y<=110;y++);
}

#define NUM2BCD(x)  ((((x)/10)<<4)|(x%10))
#define BCD2NUM(x)  (((x)>>4)*10 + ((x)&0x0f))

sbit T_CLK = P3^5; /*实时时钟时钟线引脚*/
sbit T_IO  = P3^6; /*实时时钟数据线引脚*/
sbit T_RST = P3^7; /*实时时钟复位线引脚*/

sbit ACC0 = ACC^0;
sbit ACC7 = ACC^7;

unsigned char Time[] = {0x00,0x00,0x00,0x01,0x01,0x08,0x02};//Second,Minute,Hour,Day,Month,Year,Week

/***********************************************
*
* 名称：RTInputByte
* 说明：
* 功能：往DS1302写入1Byte数据
* 调用：
* 输入：ucDa 写入的数据
* 返回值：无
***********************************************/
void  RTInputByte(unsigned char ucDa)
{
    unsigned char i;
    ACC = ucDa;
    for(i = 8; i>0; i--)
    {
        T_IO = ACC0; /*相当于汇编中的RRC*/
        T_CLK = 1;
        T_CLK = 0;
        ACC = ACC >> 1;
```

```c
    }
}


/**************************************************
*
* 名称: unsigned char uc_RTOutputByte
* 说明:
* 功能: 从 DS1302 读取 1Byte 数据
* 调用:
* 输入:
* 返回值: ACC
************************************************* */
unsigned char uc_RTOutputByte(void)
{
unsigned char i;
for(i = 8; i>0; i--)
{
ACC = ACC >>1;  /* 相当于汇编中的 RRC */
ACC7 = T_IO;
T_CLK = 1;
T_CLK = 0;
}
return(ACC);
}


/**************************************************
*
* 名称: W1302
* 说明: 先写地址, 后写命令/数据
* 功能: 往 DS1302 写入数据
* 调用: RTInputByte()
* 输入: ucAddr: DS1302 地址, ucDa: 要写的数据
* 返回值: 无
************************************************* */
void W1302(unsigned char ucAddr, unsigned char ucDa)
{
T_RST = 0;
T_CLK = 0;
```

```c
T_RST = 1;
RTInputByte(ucAddr);  /* 地址,命令 */
RTInputByte(ucDa);    /* 写 1Byte 数据 */
T_CLK = 1;
T_RST = 0;
}

/*******************************************
*
* 名称: uc_R1302
* 说明: 先写地址,后读命令/数据
* 功能: 读取 DS1302 某地址的数据
* 调用: RTInputByte() , uc_RTOutputByte()
* 输入: ucAddr: DS1302 地址
* 返回值: ucDa : 读取的数据
******************************************* */
unsigned char uc_R1302(unsigned char ucAddr)
{
unsigned char ucDa;
T_RST = 0;
T_CLK = 0;
T_RST = 1;
RTInputByte(ucAddr);  /* 地址,命令 */
ucDa = uc_RTOutputByte();  /* 读 1Byte 数据 */
T_CLK = 1;
T_RST = 0;
return(ucDa);
}

void  Set1302(void)
{
W1302(0x8e,0x00);  /* 控制命令,WP = 0,写操作? */
W1302(0x8c,NUM2BCD(Time[5]));
W1302(0x8a,NUM2BCD(Time[6]));
W1302(0x88,NUM2BCD(Time[4]));
W1302(0x86,NUM2BCD(Time[3]));
W1302(0x84,NUM2BCD(Time[2]));
W1302(0x82,NUM2BCD(Time[1]));
```

## 第 9 章 双显示模式 POV LED 时钟

```c
    W1302(0x80,NUM2BCD(Time[0]));
    W1302(0x8e,0x80);  /* 控制命令,WP = 1,写保护? */
}

void  Get1302(void)
{
Time[5] = BCD2NUM(uc_R1302(0x8d));
Time[6] = BCD2NUM(uc_R1302(0x8b));
Time[4] = BCD2NUM(uc_R1302(0x89));
Time[3] = BCD2NUM(uc_R1302(0x87));
Time[2] = BCD2NUM(uc_R1302(0x85));
Time[1] = BCD2NUM(uc_R1302(0x83));
Time[0] = BCD2NUM(uc_R1302(0x81));
}


#define Imax 120                                    //此处为晶振为 24 MHz 时的取值,
#define Imin 100                                    //如用其他频率的晶振时,
#define Inum 13                                     //要改变相应的取值。
unsigned char Im[] = {0x00,0x00,0x00,0x00};         //取得的 4 个码值
unsigned char IrOK;                                 //解码成功标志
unsigned char Tc;
unsigned int mm;                                    //串码位

//外部中断解码程序
void intersvr1(void)   interrupt 2 using 1
{
  ET1 = 0; P1 = 0xff;P2 = 0xff;
    Tc = TH0;                                       //提取中断时间间隔时长
    TH0 = 0; TL0 = 0;                               //定时中断重新置零
    if((Tc>Imin)&&(Tc<Imax)) mm = 0;                //找到启始码
    if(Tc>Inum)
    {
       Im[mm/8] = Im[mm/8]>>1|0x80;
    }
    else
    {
       Im[mm/8] = Im[mm/8]>>1;                      //取码
    }
```

```c
    if(mm = = 32)
    {
       if((Im[2]|0x01) = = ~Im[3]) IrOK = 1;
    }
    else
    {
     IrOK = 0;                              //取码完成后判断读码是否正确
    }
    mm + + ;                                //准备读下一码
}

void time0(void) interrupt 1 using 1
{
}


unsigned char ii,jj;                        //循环变量,用于显示 LED
unsigned char Tme0,Tme1,Tme2;               //时间中间变量
unsigned int Ti0,Tr;                        //定时器 T1 预设值
unsigned char v[32];                        //显示缓冲区
unsigned char TZ;                           //调整项
unsigned char ST;                           //调整标志
unsigned char DM;                           //显示模式



/* 外部中断 0 处理程序 */
void intersvr0(void)   interrupt 0 using 1
{
  unsigned int S;
  unsigned char kk;
  unsigned char Ib;
  //通过定时器 T0 测出定时器 T1 初设值
  if(Ib = = 0)
  {
    if(kk<60)
    {
      kk + + ;
        S = S + TH0;                        //反复测旋转一周的 256 等份的时
                                            //间值
```

## 第 9 章　双显示模式 POV LED 时钟

```
      }
    else
    {
       Ib = 1;
    }
     Ti0 = S/60 + 256;                      //取 60 次的平均值
  }

  TH1 = -1;TL1 = -1;                        //让定时器 T1 处理程序与外部中断处
                                            //理 0 程序错开
  TH0 = 0;TL0 = 0;
  ii = 0;jj = 0;ET1 = 1;
}

void timer1(void) interrupt 3 using 1
{
  TH1 = -Tr/256; TL1 = -Tr % 256;           //设置定时器 T1 初设值

  if(DM == 0)                               //显示模式一
  {
     if(ii<16)
     {
       P1 = 0xf1;P0 = ~nAsciiDot1[jj*2 + v[ii]*16]; //显示的上半圆部分(正显)
       P1 = 0xf2;P0 = ~nAsciiDot1[1 + jj*2 + v[ii]*16];
     }
     else
     {
       P1 = 0xf2;P0 = ~nAsciiDot2[14 - jj*2 + v[ii]*16];
                                            //显示的下半圆部分(反显)
       P1 = 0xf1;P0 = ~nAsciiDot2[15 - jj*2 + v[ii]*16];
     }

     //显示外圆
     P1 = 0xf8;P0 = 0xff;
     P1 = 0xf4;P0 = 0xfe;
     P1 = 0x00;
     jj++; if(jj>7) {ii++; jj=0;}
```

# 第9章 双显示模式 POV LED 时钟

```c
    if(ii>31) ET1 = 0;
    Delay100Us;
    P1 = 0xf1;P0 = 0xfe;
    P1 = 0xf2;P0 = 0xff;
    P1 = 0xf4;P0 = 0xfe;
    P1 = 0xf8;P0 = 0xff;
    P1 = 0x00;
}

if(DM = = 1)                                //显示模式二
{
  Tme0 = (Time[0] + 14) % 60;
  Tme1 = (Time[1] + 14) % 60;
  Tme2 = ((Time[2] % 12) * 5 + Time[1]/12 + 14) % 60;
  P1 = 0xf1;P0 = (0xfe<<3 * (ii%5 = = 4))&(0xff>>2 * (ii = = Tme0))&(0xfe<<5 * (ii%15 = = 14));
  P1 = 0xf2;P0 = (0xff * (ii! = Tme0) * (ii! = Tme1))&(0xff>>4 * (ii = = Tme2));
  P1 = 0xf4;P0 = (0xff * (ii! = Tme0) * (ii! = Tme1) * (ii! = Tme2));
  P1 = 0xf8;P0 = (0xff * (ii! = Tme0) * (ii! = Tme1) * (ii! = Tme2));
  P1 = 0x00;
  Delay100Us;Delay100Us;Delay100Us;
  ii + + ;if(ii>59) ET1 = 0;
  P1 = 0xf8;P0 = 0x3f;
  P1 = 0xf4;P0 = 0xff;
  P1 = 0xf2;P0 = 0xff;
  P1 = 0xf1;P0 = 0xfa;
  P1 = 0x00;
}

if(DM = = 2)                                //显示模式三
{
  if(ii<44)
  {
    ii + + ;
    P1 = 0xf2;P0 = 0xff;
    P1 = 0xf1;P0 = 0xfe;
    P1 = 0x00;
```

```c
        }
        else
        {
          if(jj<24)
          {
            P1 = 0xf1;P0 = ~HZ_12[TZ * 24 * (jj>11) + jj * 2];
            P1 = 0xf2;P0 = ~HZ_12[TZ * 24 * (jj>11) + 1 + jj * 2];
            P1 = 0x00;
          }

          if((jj>23)&&(jj<32))
          {
            P1 = 0xf1;P0 = ~nAsciiDot1[(jj-8) * 2];
            P1 = 0xf2;P0 = ~nAsciiDot1[1 + (jj-8) * 2];
            P1 = 0x00;
          }

          if((jj>31)&&(jj<40))
          {
            P1 = 0xf1;P0 = ~nAsciiDot1[(jj-8) * 2 + (Time[TZ + 1]/10) * 16];
            P1 = 0xf2;P0 = ~nAsciiDot1[1 + (jj-8) * 2 + (Time[TZ + 1]/10) * 16];
            P1 = 0x00;
          }

          if((jj>39)&&(jj<48))
          {
            P1 = 0xf1;P0 = ~nAsciiDot1[(jj-16) * 2 + (Time[TZ + 1] % 10) * 16];
            P1 = 0xf2;P0 = ~nAsciiDot1[1 + (jj-16) * 2 + (Time[TZ + 1] % 10) * 16];
            P1 = 0x00;
          }

          if(jj<48) jj++; else {jj = 0;ET1 = 0;}
          Delay100Us;
          P1 = 0xf1;P0 = 0xfe;
          P1 = 0xf2;P0 = 0xff;
          P1 = 0xf4;P0 = 0xfe;
          P1 = 0xf8;P0 = 0xff;
```

```
        P1 = 0x00;
    }
  }
}
```

## 9.5 调试及使用

### 9.5.1 系统调试及使用说明

由于程序采用自适应转速调节显示参数,只要焊接无误,系统就能正常工作。只需对主轴旋转转速作适当调整即可。

初始运行时,需用遥控器进行调时。

### 9.5.2 完成效果图

运行的效果如图 9-22 所示。

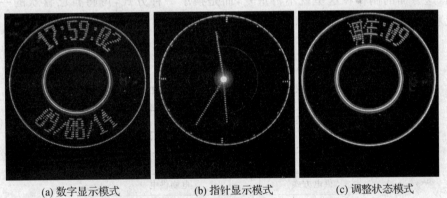

(a) 数字显示模式　　　　　(b) 指针显示模式　　　　　(c) 调整状态模式

图 9-22　运行在 3 种状态下的效果图

## 9.6 后　记

本制作不仅仅是一个能两种显示模式的 POV 时钟,还可以进一步开发成圆盘式的 POV 显示屏,用来显示各种图案。另外,在本制作中,还预留了串行接口(本章介绍时已省略),这样就可以不用遥控调时,将系统与计算机连接,从计算机里直接"下载"时间。

# 第 10 章

# 七彩 LED POV 显示屏

## 10.1 引 言

本章介绍的七彩 LED POV 显示屏为柱面式的,显示部分由 32 只 RGB 三色 LED 组成。

由于在前面几章里,已经有了在 POV 显示屏上显示汉字及英文字母的经验,这方面的制作在这里就不再重复,而是换了一种方式,可将自己喜欢的一幅七彩的画,放在这个七彩 LED POV 屏上显示。

另外,考虑在这种方式下显示图形数据较大,在单片机外增加了存储器。

本章的 POV 项目如表 10-1 所列。

表 10-1 POV 制作项目之九:七彩 LED POV 显示屏

| POV 项目 | 双显示模式 POV LED 时钟 |
|---|---|
| 发光体 | 32RGB 三色 LED |
| 运动方式 | 柱面旋转式 |
| 供电方式 | 电刷供电 |
| 传感器 | 光偶传感器 |
| 主控芯片 | AT89S52 |
| 调控方式 | 无 |
| 功能 | 显示七色图案 |

(1) 单片机:采用 AT89S52,支持 ISP 下载功能方便程序下载及调试。

(2) LED:选用 32 只 RGB 三色 LED,为方便手工焊接,采用直插脚封装的。

(3) 传感器:采用透射式光断续器来检测旋转体的运动状态。

(4) 主轴电动机：作品外型较大，选用的是较大的无刷直流电动机。

(5) 功能：根据色彩学原理，用 RGB 三色 LED 显示七色彩图。

## 10.2 系统构成

### 10.2.1 显示组件

我们做的七彩 POV 显示屏一列为 32 只 RGB 三色 LED，AT89S52 单片机的端口明显不够，这就需要外接器件进行扩展，这里选用的是有并行锁存功能的集成电路 74HC573。一只集成电路 74HC573 只能控制 8 只单色 LED，因此共需要 4×3=12 只 74HC573。

为了方便组装和调试方便，将显示部分单独构成一个组件，考虑到与单片机连接的接口引线尽量少些，并用一只 4—16 译码器 CD4514 集成电路作为片选信号的转换。

LED 显示组件的框图如图 10-1 所示。

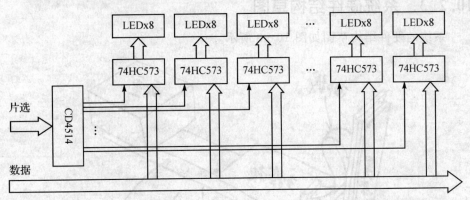

图 10-1 LED 显示组件框图

### 10.2.2 系统框图

很明显，如显示一幅同样大小的图形，七彩 POV 显示屏与普通的单色 POV 显示相比，数据量前者是后者的 3 倍。另外，还考虑到以后显示功能的实用及扩展，显示的图形数据采用外部存储方式。

系统框图如图 10-2 所示。

# 第 10 章　七彩 LED POV 显示屏

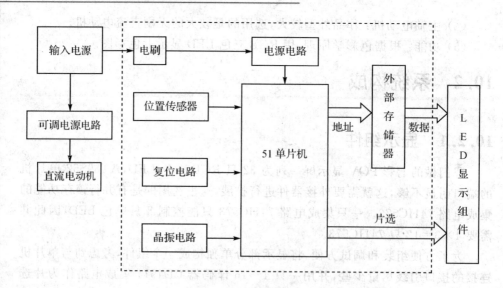

图 10-2　系统框图

## 10.2.3　系统硬件结构草图

系统的硬件结构草图如图 10-3 所示。

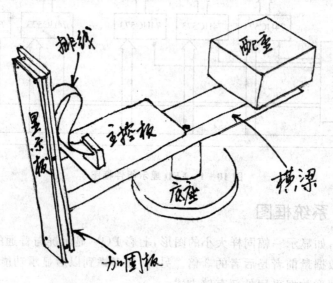

图 10-3　系统硬件结构草图

## 10.3 硬件制作

### 10.3.1 电路原理图

主控电路原理图如图 10-4 所示。

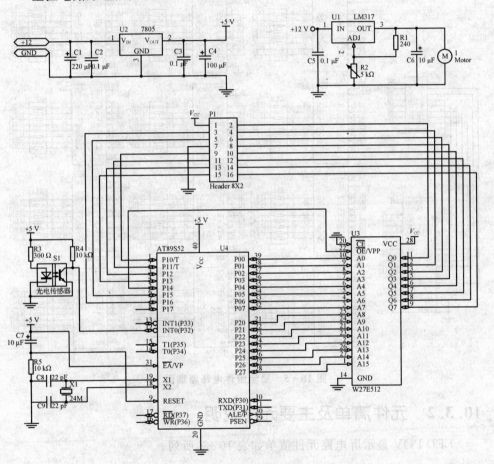

图 10-4 主控电路原理图

显示组件电路原理图如图 10-5 所示。

# 第 10 章 七彩 LED POV 显示屏

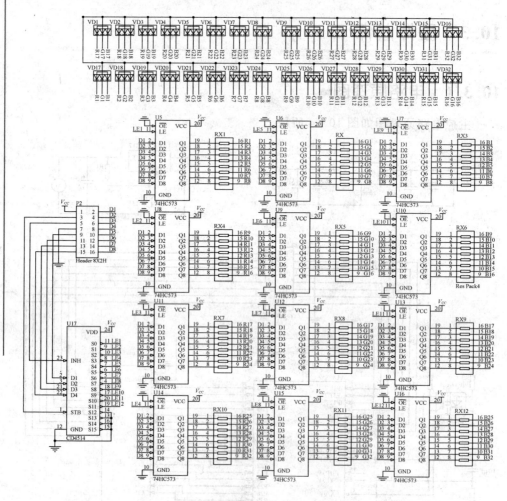

图 10-5 显示组件电路原理图

## 10.3.2 元件清单及主要元件说明

LED POV 显示屏电路元件清单如表 10-2 所列。

表 10-2 七彩 LED POV 显示屏电路元件清单

| 元器件 | 规格或型号 | 图中编号 | 数量 | 说明 |
|---|---|---|---|---|
| 单片机 | AT89S52 | U4 | 1 | 双列直插封装 |
| 并行锁存 | 74HC573 | U5~U16 | 12 | 双列直插封装 |

## 第 10 章 七彩 LED POV 显示屏

续表 10-2

| 元器件 | 规格或型号 | 图中编号 | 数量 | 说明 |
|---|---|---|---|---|
| EEPROM | W27E512 | U3 | 1 | 可选用类似的其他厂家存储器 |
| 4-16 译码器 | CD4514 | U17 | | 双列直插封装 |
| 三端稳压器 | 7805 | U2 | 1 | |
| | LM317 | U1 | 1 | |
| LED | RGB 三色 | VD1~VD32 | 32 | 引脚直插式 |
| 电解电容 | 10 μF | C6,C7 | 2 | |
| | 100 μF | C4 | 1 | |
| | 220 μF | C1 | 1 | |
| 电容 | 22 pF | C8,C9 | 2 | |
| | 0.1 μF | C2,C3,C5 | 3 | |
| 电阻 | 10 kΩ | R4,R5 | 2 | |
| | 240 Ω | R1 | 1 | |
| | 300 Ω | R3 | 1 | |
| | 300 Ω×8 | RX1~RX12 | 12 | 应按 LED 实际亮度调整电阻值 |
| 电位器 | 5 kΩ | R2 | 1 | |
| 晶振 | 24 MHz | X1 | 1 | |
| 光电传感器 | | S1 | 1 | |
| 其他 | 直流电动机,电刷,接插件等 | | | |

### 1. CD4514

CD4514 为 4 位转 16 位译码器,根据 4 位输入端(可表示 16 个数字)所表示的数字,使得对应的 16 位中的一个输出端为高电平,其余输出端为低电平。

CD4514 的引脚图及内部框图如图 10-6 所示,逻辑真值如图 10-7 所示。DATA1-DATA4 为输入端,S0-S15 为输出端,STROBE 为选通控制端,当其为低电平时,输入状态被锁,输入状态发生改变也不影响输出状态,INHIBIT 为禁止端,高电平有效。

### 2. EEPROM

为了突破单片机内部存储器容量的限制,在单片机外挂了可反复用电擦写的 EEPROM (Electrically Erasable Programmable Read-Only Memory) 存储器。

# 第 10 章 七彩 LED POV 显示屏

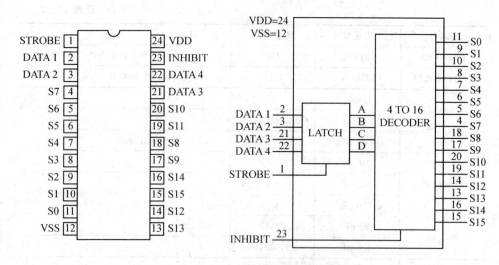

图 10-6 CD4514 的引脚图及内部逻辑图

| INHIBIT | DECODER INPUTS | | | | SELECTED OUTPUT CD4514BMS = LOGIC 1 (HIGH) CD4515BMS = LOGIC 0 (LOW) |
|---|---|---|---|---|---|
| | D | C | B | A | |
| 0 | 0 | 0 | 0 | 0 | S0 |
| 0 | 0 | 0 | 0 | 1 | S1 |
| 0 | 0 | 0 | 1 | 0 | S2 |
| 0 | 0 | 0 | 1 | 1 | S3 |
| 0 | 0 | 1 | 0 | 0 | S4 |
| 0 | 0 | 1 | 0 | 1 | S5 |
| 0 | 0 | 1 | 1 | 0 | S6 |
| 0 | 0 | 1 | 1 | 1 | S7 |
| 0 | 1 | 0 | 0 | 0 | S8 |
| 0 | 1 | 0 | 0 | 1 | S9 |
| 0 | 1 | 0 | 1 | 0 | S10 |
| 0 | 1 | 0 | 1 | 1 | S11 |
| 0 | 1 | 1 | 0 | 0 | S12 |
| 0 | 1 | 1 | 0 | 1 | S13 |
| 0 | 1 | 1 | 1 | 0 | S14 |
| 0 | 1 | 1 | 1 | 1 | S15 |
| 1 | × | × | × | × | All Outputs = 0，CD4514BMS All Outputs = 1，CD4515BMS |

1 = HIGH LEVEL    0 = LOW LEVEL    X = DON'T CARE

图 10-7 逻辑真值图

## 第10章 七彩 LED POV 显示屏

　　EEPROM 的种类很多,这里选用的是并行的 64KB×8bitr 的存储器,正好占用完 P0 和 P2 口,同时也不用增添其他元件作扩展,再说这么大的容量也能基本满足使用的要求。

　　生产这种 EEPROM 的厂家很多,型号也不统一,下面就以 W27E512 为例说明。

　　W27E512 是一款高速、低功耗 65536×8 位的可电擦除和可编程只读存储器,它具有高速存取、功耗低、可直接与 TTL/CMOS 电路兼容等特性。

　　W27E512 引脚图如图 10-8 所示。

　　A0~A15 为地址输入端,Q0~Q7 为数据输入(写)/输出(读)端,CE 为片选信号输入端,低电平时有效,OE/Vpp 平常作为输出使能,低电平有效,Vcc 为电源正,GND 为地。

### 3. RGB LED

　　RGB LED 其实是将分别能发出红绿蓝三色光的 LED 封装在一起的,根据三基色原理,3 种颜色不同发光组合,就能发出 7 种颜色的光。更进一步,如能控制 3 种颜色的发光强度,我们还能得到更加丰富的色彩光。因此,也有将 RGB LED 称为七彩 LED 和真彩 LED 的。

　　3 种颜色的 LED 有一个公共端,因此,一般是 4 个引脚,其中公共端还可分为共阴与共阳两种类型。

　　我们使用的是共阳的 LED,实物图如图 10-9 所示。

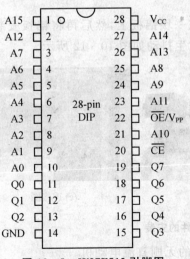

图 10-8　W27E512 引脚图

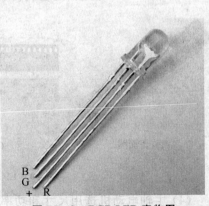

图 10-9　RGB LED 实物图

### 10.3.3 制作概要

**1. 保证平稳运转**

为了让整个系统在高速旋转的状态下,仍能保持平稳,制作时要在这几方面采取措施:

(1)底座是用一个尺寸较大的废旧喇叭拆下的铝框架改制而成,坚固而平稳,如图10-10所示。

(2)用作旋转平台的是一根U形铝型材作为横梁,容易加工而不易变形如图10-11所示。

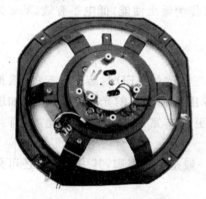 

图10-10 用喇叭架改制底座　　图10-11 用作旋转平台的铝型材

(3)显示组件的安装是将电路板固定在一块铝板上,然后再将铝板安装在旋转平台上。这样避免在高速旋转状态下发生抖动如图10-12所示。

(a) 正面图　　　　　　　(b) 侧面图　　　　　　　(c) 连接图

图10-12 显示组件的安装

(4)主轴电动机选用尺寸和功率都较大的无刷直流电动机。

(5)调节好配重是保证旋转平稳的关键措施,由于使用的U形铝型材的内部两边正好开有能插入电路板的小槽,将配重固定在电路板上,使电路板在这个小槽中滑动,能轻松改变配重与旋转轴的距离,使配重的调节非常简单方便,如图10-13所示。

(a) 在配重上加装电路板

(b) 安装在旋转平台上

(c) 找好平衡后用胶带固定

图10-13　配重的安装与调节

### 2. 送电动机构

为保证系统能有充足的电能,采取的是电刷供电方式如图10-14所示。

### 3. 传感器的安装

如图10-15所示,因旋转平台与底座距离较远,用铜柱为传感器延长作用支架。

图10-14　电刷供电机构

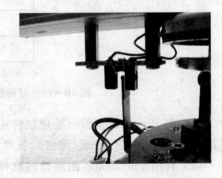
图10-15　传感器的安装

### 4. 生成图形数据

如何将一幅喜欢的图案显示在我们的七彩POV显示屏上呢?

由RGB三色的LED亮与灭的组合决定了显示的彩色图案只有7种颜色,在事先选择显示的图案时,应保证图形的颜色最好是红、绿、蓝、黄、青、品红和白7种之一,显示POP广告图案是不错的选择。

# 第10章 七彩 LED POV 显示屏

如果有能将一幅彩色图案直接生成显示所需要的图形数据的取模软件就好了,然而,满足要求的软件并不那么好找,只好用手工一步步来完成了,通过不断摸索,找到了如何生成图形数据的方法,详细过程如图 10-16 所示。

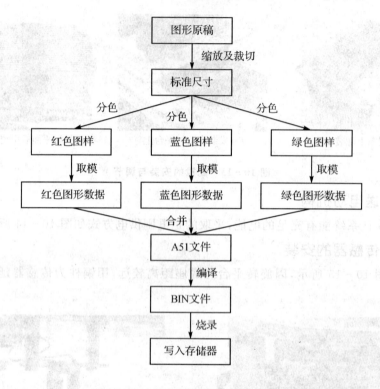

图 10-16 取得图形数据的处理过程

(1) 在 Photoshop 图形处理软件中,将要显示的图形进行缩放、裁切成所需要的大小,保证宽为 32 点(像素),长度的取值可以按自己需要和喜欢来定。

(2) 利用 Photoshop 图形处理软件中的"通道混合器",对图形进行分色,红绿蓝三色图样,并分别转换成 3 个黑白二色的位图文件。

(3) 通过模软件从这 3 个位图文件中取得相应的图形数据。

(4) 将对应 3 种颜色的图形数据放在同一个 A51 程序文件里,注意 3 个颜色的图形数据的顺序,用汇编语句,将这 3 组数据定位存储器的 3 个指定位置。

其文件格式如下:

```
ORG 0000H

<红色图形数据>
```

```
ORG 2000H
<绿色图形数据>
ORG 4000H
<蓝色图形数据>
END
```

(5) 用 51 单片机编译软件,将得到的 A51 汇编进行编译,生成 BIN 文件。

(6) 最后,用编程器将 BIN 文件里的数据写入 EEPROM 芯片中。

对图形的处理过程及使用技巧,这里不再作介绍,读者可参考其他相关书籍和资料。

### 10.3.4 完成图

七彩 POV 显示屏完成图如图 10-17 所示。

图 10-17 七彩 POV 显示屏完成图

## 10.4 软件设计

### 10.4.1 编程中的问题及解决方案

#### 1. 图形数据的读出

根据前面已经设定的三色图形数据在存储器内存储的起始地址,程序分别从存储器的3个位置依次读出RGB三色图形数据,通过LED显示所需要的图案。

从数据读出到LED显示,实际按下面几个步骤进行:
(1) 输入地址信号,同时打开数据输出口;
(2) 将输出的图形数据锁存于74HC573内;
(3) 开放74HC573输出数据,关闭存储器输出口。

#### 2. 消除鬼影

当显示一列的图形数据时,最后的8只LED有时会出现显示问题,表现在短暂的时间段里,好像有显示的是前8只LED所显示的数据。

因此在显示完一列的数据后,添加了一段程序:

```
P1 = 0x6c;              //片选的是"空"
P0 = 0x00;P2 = 0xf0;    //此地址的内容也为"空"
P1 = 0x1f;              //关闭存储器输出,片选空。
```

### 10.4.2 完整源程序

完整源程序见程序10-1。

**程序 10-1**

```
//---------------------------------------------
//程序名:七彩 LED POV 显示屏
//编  程:周正华
//说  明:单片机89S52    晶振24M
//---------------------------------------------

#include <reg52.h>
#include <intrins.h>
//延时宏定义
```

## 第10章 七彩 LED POV 显示屏

```c
#define Delay10Us {_nop_();_nop_();_nop_();_nop_();_nop_();\
                   _nop_();_nop_();_nop_();_nop_();_nop_();}
#define Delay100Us { Delay10Us;Delay10Us;Delay10Us;Delay10Us;Delay10Us;\
                     Delay10Us;Delay10Us;Delay10Us;Delay10Us;Delay10Us;}

unsigned int N = 256;               //旋转一周显示列数预设值
unsigned int S;                     //实际显示列数
unsigned char DH;                   //地址高端
unsigned char DL;                   //地址低端
unsigned int Pt = 1500;             //中断预设值

/*外部中断服务程序*/
void intersvr0(void) interrupt 0 using 1
{
  TH0 = -1;TL0 = -1;                //与定时中断0处理程序错开
  S = 0;                            //显示列数
}


/*定时中断0处理函数*/
void timer0(void) interrupt 1 using 1
{
  TH0 = -Pt/256;TL0 = -Pt%256;      //设置定时初值

  DH = (N-S)/64;                    //取得地址高端
  DL = ((N-S)%64)*4;                //取得地址低端

  /*读取外部存储图形数据到显示组件中*/

  //显示红色部分
  P1 = 0x60;P0 = DL;P2 = 0x00 + DH;P1 = 0x1f;
  P1 = 0x61;P0 = DL + 1;P2 = 0x00 + DH;P1 = 0x1f;
  P1 = 0x62;P0 = DL + 2;P2 = 0x00 + DH;P1 = 0x1f;
  P1 = 0x63;P0 = DL + 3;P2 = 0x00 + DH;P1 = 0x1f;

  //显示绿色部分
  P1 = 0x64;P0 = DL;P2 = 0x20 + DH;P1 = 0x1f;
  P1 = 0x65;P0 = DL + 1;P2 = 0x20 + DH;P1 = 0x1f;
  P1 = 0x66;P0 = DL + 2;P2 = 0x20 + DH;P1 = 0x1f;
```

# 第 10 章 七彩 LED POV 显示屏

```
    P1 = 0x67;P0 = DL + 3;P2 = 0x20 + DH;P1 = 0x1f;

    //显示蓝色部分
    P1 = 0x68;P0 = DL + 0;P2 = 0x40 + DH;P1 = 0x1f;
    P1 = 0x69;P0 = DL + 1;P2 = 0x40 + DH;P1 = 0x1f;
    P1 = 0x6a;P0 = DL + 2;P2 = 0x40 + DH;P1 = 0x1f;
    P1 = 0x6b;P0 = DL + 3;P2 = 0x40 + DH;P1 = 0x1f;

    //消除鬼影
    P1 = 0x6c;P0 = 0x00;P2 = 0xf0;P1 = 0x1f;

    S + + ;                              //显示下一列
}

/* 主程序 */
void main(void)
{
    //中断初始化

    TMOD = 0x11;

    TH0 = 0;TL0 = 0;
    TR0 = 1;ET0 = 1;

    IT0 = 1; EX0 = 1;

    EA = 1;

    //主循环
    for(;;)
    {
        Delay100Us;
        Delay100Us;
        Delay100Us;
        Delay100Us;
        Delay100Us;
    }
}
```

## 10.5 调试及使用

### 10.5.1 系统调试及使用说明

整个硬件部分的制作并不复杂,只是显示组件部分的 LED 的焊接点和连线都很多,需要特别注意焊接是否可靠,是否出现断路和短路。

对制作完成的显示部件最好先作一下测试,程序 10-2 为显部件的测试程序。

**程序 10-2**

```
//--------------------------------------------------------
//程序名:七彩 LED POV 显示部件检测程序
//
//      接线图:
//
//           +5V   ○ ○  P00
//           P25   ○ ○  P01
//           P24   ○ ○  P02
//           GND   ○ ○  P03
//           P20   ○ ○  P04
//           P21   ○ ○  P05
//           P22   ○ ○  P06
//           P23   ○ ○  P07
//--------------------------------------------------------

#include <reg52.h>
#include <intrins.h>

unsigned int i;

unsigned char ch[] =
{
  0x00,0x00,0x00,0x00,
  0xff,0xff,0xff,0xff,
  0xff,0xff,0xff,0xff,

  0xff,0xff,0xff,0xff,
  0x00,0x00,0x00,0x00,
```

```
        0xff,0xff,0xff,0xff,

        0xff,0xff,0xff,0xff,
        0xff,0xff,0xff,0xff,
        0x00,0x00,0x00,0x00,

        0xff,0xff,0xff,0xff,
        0x00,0x00,0x00,0x00,
        0x00,0x00,0x00,0x00,

        0x00,0x00,0x00,0x00,
        0xff,0xff,0xff,0xff,
        0x00,0x00,0x00,0x00,

        0x00,0x00,0x00,0x00,
        0x00,0x00,0x00,0x00,
        0xff,0xff,0xff,0xff,

        0x00,0x00,0x00,0x00,
        0x00,0x00,0x00,0x00,
        0x00,0x00,0x00,0x00,

        0xff,0xff,0xff,0xff,
        0xff,0xff,0xff,0xff,
        0xff,0xff,0xff,0xff,
};

//**  延时子程序  **
void DelayUs(unsigned int N)
{
   unsigned int x;
   for(x = 0;x <= N;x ++ );
}

/*主程序*/
void main(void)
{
   while(1)
   {
      for(i = 0;i < 8;i ++ ){
         //显示红色部分
```

```
                P2 = 0x60;P0 = ch[12 * i];P2 = 0x1f;
                P2 = 0x61;P0 = ch[12 * i + 1];P2 = 0x1f;
                P2 = 0x62;P0 = ch[12 * i + 2];P2 = 0x1f;
                P2 = 0x63;P0 = ch[12 * i + 3];P2 = 0x1f;
                //显示绿色部分
                P2 = 0x64;P0 = ch[12 * i + 4];P2 = 0x1f;
                P2 = 0x65;P0 = ch[12 * i + 5];P2 = 0x1f;
                P2 = 0x66;P0 = ch[12 * i + 6];P2 = 0x1f;
                P2 = 0x67;P0 = ch[12 * i + 7];P2 = 0x1f;
                //显示蓝色部分
                P2 = 0x68;P0 = ch[12 * i + 8];P2 = 0x1f;
                P2 = 0x69;P0 = ch[12 * i + 9];P2 = 0x1f;
                P2 = 0x6a;P0 = ch[12 * i + 10];P2 = 0x1f;
                P2 = 0x6b;P0 = ch[12 * i + 11];P2 = 0x1f;
                DelayUs(900000);
            }
        }
    }
```

## 10.5.2 完成效果图

完成七彩 LED POV 显示效果图如图 10-18 所示。

图 10-18 七彩 LED POV 显示效果图

## 10.6 后 记

　　本制作只是完成一个基本的显示功能，找到了一种对彩图进行取模的解决思路。有待进一步完善其功能，比如实时下载图片，滚动显示，显示动画等功能。
　　由于高速旋转的显示组件没有任何保护，在调试和使用中应特别注意安全，以免受伤。

# 附录 A

# 万用板实作经验

## 1. 认识万用板

万用板也被形象的称为"洞洞板",它是用敷铜板加工而成的:按元件的标准孔距(2.54mm)纵横方向打满孔,每个孔有一个独立的焊盘,外形详见图 A-1。

图 A-1 万用板正反面

由于万用板成本低廉、使用灵活方便,可随意对制作的电路进行修改,特别适合用在线路简单、对布线无特别要求的各种小制作中。

## 2. 万用板的裁切

在制作前,首先要将万用板裁切成所需的尺寸和形状:

先按制作要求在板上画裁切线,最好沿钻孔画。然后用工艺刀沿裁切线反复走刀进行切割,如走的直线较长,可用一直尺,将其边沿与走线对齐,以控制走刀,如图 A-2 所示。最后将其沿裁切线弯折,去掉多余的电路板。

## 3. 万用板焊点的连接

### (1) 连接材料

当元件的引脚焊好在焊盘上后,接着要做的工作是按电路图标示,在引脚之间焊接布线。这些布线大多可选用较细的导线[电流较大的(如电源和功率驱动

## 附录 A 万用板实作经验

等)电路除外],业余条件下可废物利用,将废弃的硬盘用信号排线(单股线)或鼠标键盘连接线(多股线)作为连接焊点的布线,如图 A-3 所示。另外,从元件引脚剪下的废料,作为电流较大的布线也不错。

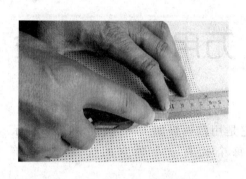

图 A-2  沿裁切线走刀    图 A-3  随处可取的布线

**(2) 焊接方式**

连接各焊点的布线,其焊接方式可归结为图 A-4 中 3 种。在实际制作中,可按个人习惯喜好及实际情况灵活选用。

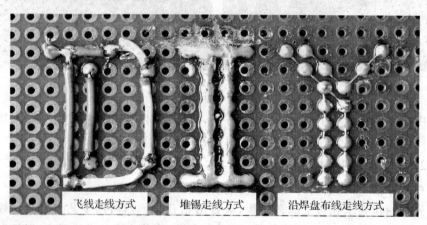

图 A-4  不同的走线方式

堆锡走线方式,会对元件的布局产生影响,适合板子大而元件少的制作;而采取飞线走线方式,能优先考虑元件的布局,适合元件多而密的场合。

### 4. 万用板使用中的一些技巧

毕竟万用板采取的是预钻孔方式,在实际制作中总会感到有些受限。不过,如能根据其自身特点,掌握一些焊接技巧,就能让你的制作变得轻松自如。

**(1) 适当合理使用贴片封装元件**

在万用板上适当合理地使用贴片封装元件,能让板上的布局更加紧凑、美观,减小作品的体积。实际上,除引脚较多的IC外,几乎所有的贴片封装元件都能很好地焊接在万用板上,只是与针脚式的元件不一样的是,贴片封装元件需要焊在万用板布线面上如图A-5所示。

(a) 体积小的元件可直接焊接在布线面的焊盘上

(b) 引脚较少的IC也可以焊接在万用板上

(c) 还可以用转接板方式焊接在另一面

(d) 将贴片封装的元件按功能构成一个组件

图 A-5 贴片封装元件的焊接

**(2) 规范引出引入端接口**

当电路板有引入或引出的电源线或信号线时,给引出或引入线添加一个接口,可以让整个系统结构清晰,也便于检测及调试。

如引入引出线数较少,可用排针改制的接线端设置在电路板边沿;如引入引出线较多,则可采取排插组成一个或多个接插端口,如图A-6所示。

**(3) 电路板的拼接**

实际制作中时常会出现将两块电路板拼接问题,比如在制作摇摇棒时,一方面可能手上没有够长的电路板;另一方面电路板结构上需要一端宽另一端窄的情况,用拼接的方法可节省不少板材。

## 附录 A  万用板实作经验

 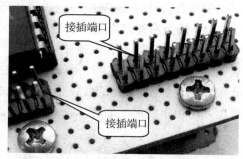

(a) 引入引出线较少    (b) 引入引出线较多

图 A-6  引线端口的两种方式

图 A-7 给出了整个拼接的制作流程。

图 A-7  万用板拼接制作流程

### (4) 将功能模块化

万用板适合电路较简单的制作,对于较为复杂的电路,可按功能模块化,将完成一项或两项功能的电路布置在一张电路板上,各模块之间用接口方式连接,这样可方便查错和调试。

# 附录 B

# 并口 ISP 下载线制作问答

## 1. 什么是并口?

并口为计算机并行接口的简称,它是计算机上采用并行通信协议的扩展接口,常用于连接打印机或扫描仪等。由于在现在的人们眼里,并口不仅速度有限,使用起来也不方便,已逐渐被 USB 等新型接口代替而被淘汰,如今在很多台式机和笔记本式计算机上,已经很难见到这种接口了。

并口采用的是 25 针 D 形插头,如图 B-1 所示。

## 2. 什么是 ISP?

ISP 是 In-System Programming 的缩写,即在系统编程,是一种不需要编程器,不需要拆下单片机,也能对其进行读写操作的技术。由于芯片不一样和生产厂家不同,有不同的ISP接口标准。这里介绍的并口 ISP 是 ATMEL 公司独有的,它不仅对 AT89S 系列的 51 单片机进行编程,也可对其公司推出的 AVR 系列的单片机进行编程。

图 B-1  笔记本电脑上的并口

## 3. 下载线是干什么用的?

将计算机里编译好的程序固化到芯片里是单片机开发最关键的步骤之一,早期的 51 单片机是用编程器来完成这个任务的(见图 B-2)。现已逐渐被 ISP 技术替代。只需要一根 ISP 下载线(见图 B-3),可直接对焊接在电路板上的单片机芯片进行编程,这样就使得单片机的编程变得轻松和方便,而且,由于有了 ISP 技术,过去在开发环节中必须要做的仿真,也变成可有可无了。

## 附录B 并口ISP下载线制作问答

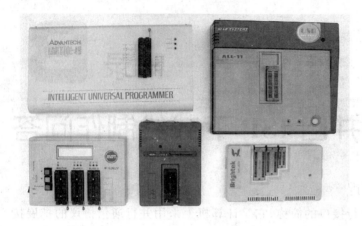

图B-2 各种编程器

图B-3 ISP下载线

### 4. 芯片AT89S51/52使用哪些引脚作为ISP接口?

并口ISP接口利用串行信号通过芯片的4个引脚,可对芯片进行读写和擦除等操作。这4个引脚的定义见表B-1。

表B-1 4个引脚的定义

| 端 口 | 功 能 | 说 明 |
| --- | --- | --- |
| P1.5 | MOSI | 主机输出/从机输入的数据端 |
| P1.6 | MISO | 主机输入/从机输出的数据端 |
| P1.7 | SCK | 时间信号端 |
| RST | RST | 编程输入控制端 |

### 5. 待写入程序的单片机电路板(目标板)上的ISP接口是如何定义的?

由ATMEL指定的有ISP10PIN标准接口和ISP6PIN标准接口两种,如图B-4所示。

其中10针的接口插座是最常用的,为方便程序下载调试和升级,可在制作电路板时预留一个这样的接口。

### 6. 网上看到有很多并口下载线电路,哪一个更合适?

其实,并口下载线就是用4根信号线将计算机的并口与目标板上AT89S51/52的ISP口相连,用串行方式传输信息。只是在实际制作时还要考

## 附录 B　并口 ISP 下载线制作问答

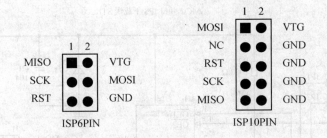

图 B-4　ATMEL 指定的两种 ISP 接口座

虑信号隔离、整形、指示及抗干扰等，由于方案的不同，就产生了五花八门的下载线电路。

如是刚入门的菜鸟，可用选用简易的下载电路，如图 B-5 所示。

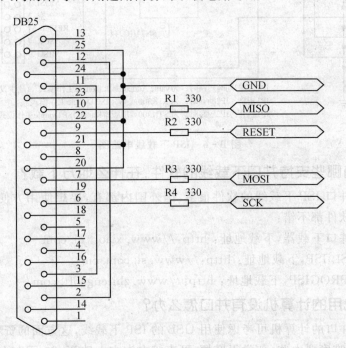

图 B-5　简单易做的 ISP 下载线电路原理图

要想使用保险、稳定，还可选用"创梦电子工作室"网站推荐的 ISP 下载线电路，如图 B-6 所示。

## 附录 B  并口 ISP 下载线制作问答

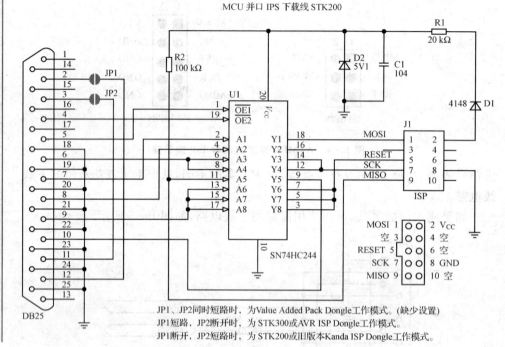

**图 B-6  ISP 下载线电路图**

### 7. 有哪些支持并口下载线的软件,在什么地方下载?

支持并口 ISP 下载线的软件很多,国外国内都有,要想使用方便,国内的这几款下载软件都不错:

晓奇并口下载器,下载地址:http://www.xiao-qi.com

双龙 SL ISP,下载地址:http://www.sl.com.cn/

智峰 PROGISP,下载地址:http://www.zhifengsoft.com/

### 8. 我用的计算机没有并口怎么办?

没有并口的计算机可考虑使用 USB 的 ISP 下载线,这方面的资料互联网上很多,制作难度要大些,如觉得麻烦,可直接在淘宝上购买,20 元左右,使用非常方便。